电子产品设计与制作研究

石英春 著

湘潭大学出版社

图书在版编目（CIP）数据

电子产品设计与制作研究 / 石英春著. -- 湘潭 :
湘潭大学出版社, 2022.5
ISBN 978-7-5687-0833-3

Ⅰ. ①电… Ⅱ. ①石… Ⅲ. ①电子产品－设计－研究
②电子产品－制作－研究 Ⅳ. ① TN602 ② TN605

中国版本图书馆 CIP 数据核字 (2022) 第 132798 号

电子产品设计与制作研究

DIANZI CHANPIN SHEJI YU ZHIZUO YANJIU

石英春 著

责任编辑：丁立松
封面设计：张丽莉
出版发行：湘潭大学出版社
社　　址：湖南省湘潭大学工程训练大楼
电　　话：0731-58298960 0731-58298966（传真）
邮　　编：411105
网　　址：http://press.xtu.edu.cn/
印　　刷：长沙鸿和印务有限公司
经　　销：湖南省新华书店
开　　本：787 mm×1092 mm 1/16
印　　张：11
字　　数：263 千字
版　　次：2022 年 5 月第 1 版
印　　次：2023 年 1 月第 1 次印刷
书　　号：ISBN 978-7-5687-0833-3
定　　价：45.00 元

前　言

21 世纪，世界进入一个电子技术和信息技术迅速发展的新时期，电子技术领域不断涌现新的创新成果，并最终落实与体现到电子产品的设计和制作上来。

电子产品产业已经成为经济发展的重要推动力和国民经济的支柱性产业，创造了巨大的经济利润，此外，还提供了众多就业途径、岗位，同时极大地改善了人们的日常工作与生活，提高了人们的生活质量。电子产品在人们日常生活中的应用愈发广泛，越来越多实用性强的新型电子产品给人们的生活与工作带来了极大便利。生活和工作的方方面面及各行各业都对电子产品形成巨大需求，从国防建设、航天航空，到日常生活中的电视机、燃气表、电表，使用者从专业的技术人员到老人、儿童。因此，世界各国都对发展电子产品产业极为重视。随着经济全球化的发展，我国电子产品正在走出国门，走向世界，电子产品在我国国民经济中的重要程度愈发凸显。要想提高我国电子产品在世界市场上的竞争力和占有率，需要最大限度加强电子产品的设计和制作能力，提升产品质量。

电子产品的设计和制作涉及多门学科，极具综合性。当今电子产品工业越来越注重节能、环保、安全，不断向着更加智能化、多样化和网络化的方向发展。好的电子产品往往在性能和外观都能满足市场需求。电子产品的设计受到文化、环境和市场因素的影响，还与供货商和用户之间存在着密切联系，在设计电子产品时，需要在考虑以上因素的情况下，从绿色、造型、交互、安全四个方向不断优化设计方案。电子产品的制作过程往往复杂而极具专业性，通常包括元器件选取、印制电路板制作，以及元件的焊接、安装与检测等多个环节，每个环节都会影响到最终的电子产品成品。

本书内容翔实可靠，注重理论联系实际，既从理论上介绍了电子产品的设计和制作的方法和流程等，又从实际的工业加工生产出发，讲述不同电子产品的具体制作实践，突出介绍新知识、新技术、新工艺和新方法，图文并茂，由浅入深，兼具专业性和实用性。全书共分六章，第一章对电子产品进行了概述，介绍了电子产品的概念与分类、电子产品的元器件类别、电子产品的设计原则与关键因素，以及电子产品设计的要求与方法；第二章对电子产品设计的影响环节进行了分析，从与文化、环境、市场的关系，与供货商的关系，与用户的关系三个层面展开了详细阐述；第三章在介绍了电子产品设计流程的基础上，从不同方面分析了电子产品设计的优化，内容包括电子产品的绿色设计、电子产品的造型设计、电子产品的交互设计、电子产品的安全设计；第四章详细介绍了电子产品的制作流程，首先介绍了电子产品的制作工艺，然后对电子产品的焊接、电子产品的安装、电子产品的检测进行了论述；第五章重点展开了印制电路板的设计与制作的研究，对印制电路板进行了概述，并对印制电路板的设计与制作方法及流程等进行了论述；第六章是对智能电子产品设计与制作实践的研究，内容包括智能电子产品概述、智能燃气表设计与制作分析、智能水表设计与制作分析、智能消火栓设计与制作分析、智能电表设计与制作分析、智慧路灯设计与制作分析、通信装置设计与制作分析、表类产品采集终端设计与制作分析。

本书获湖南信息职业技术学院"双百人才"培养资助经费资助。

因作者水平有限，书中难免有疏漏及不妥当之处，敬请广大读者批评指正。

作 者

2022 年 4 月

目　录

第一章　电子产品概述

多种多样的电子产品已经愈发深入人们的工作和日常生活，电子产品工业蓬勃发展，并形成了一系列的行业规范和准则。本章节是对电子产品的概述，内容包括电子产品的概念与分类、电子产品的元器件类别、电子产品的设计原则与关键因素、电子产品设计的要求与方法。

第一节　电子产品的概念与分类

一、电子产品的概念

电子产品是指人们家庭日常生活中使用或类似条件下使用的电子和电气器具。所谓“类似条件”指的是如学校、医院、娱乐中心等以服务为主的场所。电子产品不仅能减轻和简化人们的家务劳动，丰富人们的家庭生活，为人们创造舒适的生活环境，提高人们的生活质量，而且也体现了现代文明，使人类社会由“工业社会”开始向更文明的“信息化社会”过渡。因此，电子产品越来越受到各个国家的重视。电子产品工业已经成为耐用消费品工业的重要组成部分，在整个社会发展中占有重要的地位。

二、电子产品的分类

电子产品涉及领域非常广泛，基本上日常用的各种工具都离不开电子产品，如电脑、数码相机、MP3、微波炉、音箱等。目前，国际上对电子产品尚无统一的分类标准。[①] 通常电子产品可按功能与使用人群分类。

(一)按功能分类

电子产品按功能可以分为以下三类：

---

① 李婷．电子信息类企业管理[M]．北京：北京邮电大学出版社，2017：2.

1. 公共服务用电子产品：如电子计算机、通信机、雷达、仪器及电子专用设备，这类产品是国民经济发展、改造和装备的手段。

2. 个人消费类电子产品：包括电视机、录音机、录像机等。它主要为提高人民生活水平服务。

3. 工业用电子产品：电子元器件产品及专用材料，包括显像管、集成电路、各种高频磁性材料、半导体材料及高频绝缘材料等。

（二）按使用人群分类

如果按使用人群划分，主要可分为：

1. 儿童电子产品。

2. 老年人电子产品。

3. 普通成年人电子产品。

4. 特殊人群（如残疾人、病人等）电子产品。

（三）消费类电子产品的分类

消费类产品作为一个大类，根据每个国家标准不同，又可以分为以下几类：

1. 视频产品。包括电视机、投影电视机、家用录像机、家用摄像机（摄录一体机）、视盘放像机（又称影碟机）、数码相机等。

2. 音频产品，包括收音机、录音机、电唱机（CD 唱机）、立体声音响设备等。

3. 计时产品，包括电子手表、电子钟等。

4. 信息产品，包括家用计算机、传真机、电话机等。

5. 娱乐产品，包括电子玩具、电子乐器、电子游戏机等。

6. 学习辅助产品，包括翻译器、幼儿识字器等。

7. 医疗保健产品，包括电子温度计、电子血压计、磁疗器、按摩器等。

8. 电磁炊具，包括微波炉、电磁灶等。

9. 安全保护器具，包括各种报警器、电子门锁、门卫电视等。

第二节　电子产品的元器件类别

电子元器件是电子产业发展的基础，是组成电子产品的基础单元，位于电子产业的前端，电子制造技术的每次升级换代都是由于电子元器件的变革引起的。同时，电子元器件也是学习掌握电子工艺技术的基础，只有认真学习并详细掌握了电子元器件的相关特性，才能更有效地掌握电子工艺技术的相关技能。

一、电子元器件的定义

什么是电子元器件？不同领域的电子元器件的概念是不一样的。

(一)狭义电子元器件

在电子学中，电子元器件的概念是以电原理来界定的，是指能够对电信号（电流或电压）进行控制的基本单元。因此，只有电真空器件（以电子管为代表）、半导体器件和由基本半导体器件构成的各种集成电路才称为电子元器件。电子学意义上的电子元器件范围比较小，可称为狭义电子元器件。

(二)普通电子元器件

在电子技术特别是应用电子技术领域，电子元器件是指具有独立电路功能的、构成电路的基本单元。因此，其范围扩大了许多，除了狭义电子元器件外，还包括了通用的电抗元件（通常称为三大基本元件的电阻器、电容器、电感器）和机电元件（如连接器、开关、继电器等），同时又包括了各种专用元器件（如电声器件、光电器件、敏感元器件、显示器件、压电器件、磁性元件、保险元件以及电池等）。一般电子技术类书刊提到的电子元器件指的就是这种，因此可称为普通电子元器件。

(三)广义电子元器件

在电子制造过程中，特别是产品制造领域，电子元器件的范围又扩大了。凡是构成电子产品的各种组成部分，除了普通电子元器件外，还包括各种结构件、功能件、电子专用材料以及电子组件、模块部件（如稳压/稳流电源，AC/DC、DC/DC 电源转换器，可编程控制器，LED/液晶屏组件以及逆变器、变频器等）以及印制电路板（一般指未装配元器件的裸板）、微型电机（如伺服电机、步进电机）等，都纳入了元器件的范围，这种广义电子元器件的概念，一般只在电子产品生产企业供应链的范围中应用。

二、电子元器件的分类

电子元器件有多种分类方式，应用于不同的领域和范围。

(一)按制造行业分类

按制造行业分类，电子元器件可分为元件与器件两类。这种分类方式是按照元器件制造过程中是否改变材料分子组成与结构来划分的，是行业划分的概念。在元器件制造行业，器件由半导体企业制造，而元件则由电子零部件企业制造。

元件是指加工中没有改变分子成分和结构的产品，例如，电阻器、电容器、电感器、电位器、变压器、连接器、开关、石英元件、陶瓷元件、继电器等。

器件是指加工中改变分子成分和结构的产品,主要包括各种半导体产品,如二极管、三极管、场效应管、各种光电器件、各种集成电路等,也包括电真空器件和液晶显示器件等。

随着电子技术的发展,元器件的品种越来越多,功能越来越强,涉及的范围也在不断扩大,元件与器件的概念也在不断变化,逐渐模糊。例如,有时说元件或器件时实际指的是元器件,而像半导体敏感元件按定义实际上应该称为器件。

(二)按电路功能分类

按电路功能分类,电子元器件可分为分立器件和集成器件两类。分立器件是指具有一定电压、电流关系的独立器件,包括基本的电抗元件、机电元件、半导体分立器件(如二极管、双极三极管、场效应管、晶闸管)等。集成器件通常称为集成电路,是指一个完整的功能电路或系统采用集成制造技术制作在一个封装内、具有特定电路功能和技术参数指标的器件。

分立器件与集成器件的本质区别是:分立器件只具有简单的电压、电流转换或控制功能,不具有电路的系统功能;而集成器件则可以组成完全独立的电路或具有电路的系统功能。实际上,具有系统功能的集成电路已经不是简单的"器件"和"电路"了,而是一个完整的产品。例如,数字电视系统已经将全部电路集成在一个芯片内,习惯上称其为集成电路。

(三)按工作机制分类

按工作机制分类,电子元器件可分为无源元器件与有源元器件两类,一般用于电路原理讨论。

无源元器件是指工作时只消耗元器件输入信号电能的元器件,本身不需要电源就可以进行信号处理和传输。无源元器件包括电阻器、电位器、电容器、电感器、二极管等。

有源元器件正常工作的基本条件是必须向元器件提供相应的电源,如果没有电源,元器件将无法工作。有源元器件包括三极管、场效应管、集成电路等,通常是以半导体为基本材料构成的元器件,也包括电真空器件。

(四)按组装方式分类

按组装方式分类,电子元器件可分为插装和贴装两类。在表面组装技术出现前,所有元器件都以插装方式组装在电路板上。在表面组装技术应用越来越广泛的现代,大部分元器件都有插装与贴装两种封装,一部分新型元器件已经淘汰了插装式封装。

插装式元器件是指组装到印制电路板上时需要在印制电路板上打通孔,引脚在电路板另一面实现焊接连接的元器件,通常有较长的引脚和体积。

贴装式元器件是指组装到印制电路板上时无须在印制电路板上打通孔,引线直接贴装在印制电路板铜箔上的元器件,通常是短引脚或无引脚片式结构。

(五)按使用环境分类

电子元器件种类繁多,随着电子技术和工艺水平的不断提高,大量新的元器件不断出现,对于不同的使用环境,同一元器件也有不同的可靠性标准,相应地,不同的可靠性有不同的价格。例如,同一元器件军用品的价格可能是民用品的十倍甚至更多,工业品介于二者之间。

1. 民用品适用于对可靠性要求一般而对性价比要求高的家用、娱乐、办公等领域。

2. 工业品适用于对可靠性要求较高而对性价比要求一般的工业控制、交通、仪器仪表等领域。

3. 军用品适用于对可靠性要求很高而对价格不敏感的军工、航空航天、医疗等领域。

(六)按电子工艺分类

电子工艺对元器件的分类,既不按纯学术概念去划分,也不按行业分工划分,而是按元器件应用特点来划分。

不同领域不同分类是不足为怪的,迄今也没有一种分类方式可以完美无缺。实际上在元器件供应商那里,也没有单纯地采用某一种标准来分类。

第三节 电子产品的设计原则与关键因素

一、电子产品设计原则

“设计是构思和创造,将设想以最佳方式转化为现实的活动过程。”①要设计一个好的电子产品,应该遵循一些基本的设计原则,即在长期的设计实践中,人们形成的对设计的共性要求。设计必须符合科学性、易用性、美观性、安全性、技术规范性、可持续性发展、经济性、创新性等一般原则。这些原则既是设计的基本原则,又是评价设计作品的基本标准。这些原则之间往往互相关联、互相制约、互相渗透、互相影响,并体现在设计过程的各个环节之中。

(一)科学性原则

电子产品在设计过程中,需要遵循客观自然规律,如进行以下设计:

1. 设计电动机、发电机遵循的是电磁感应科学原理。

2. 照相机的镜头加增透膜遵循的是光的反射和折射科学原理。

---

① 王远昌. 人工智能时代:电子产品设计与制作研究[M]. 成都:电子科技大学出版社,2019:20.

3. 汽车制造成流线型遵循的是液体力学中减小阻力科学原理。

4. 设计电冰箱遵循的是汽化吸热、蒸发制冷科学原理。

5. 设计电视机遵循的是CRT电子束射击显示屏内侧的荧光粉、LCD通过电压的更改产生电场而使液晶分子排列产生变化来显示图像的科学原理。

6. 监控设备设计遵循的是传感器输入信号通过处理器处理信号科学原理。

7. 设计手机遵循的是网络与无线电科学原理。

8. 历史上曾有不少有志青年制造设计永动机，这违背了能量的守恒和转化定律的科学原理，这类设计注定不会成功。

9. 不遵循科学规律的设计终将失败。比如永动机，不消耗能量而能永远对外做功的机器，它违反了能量守恒定律。在没有温度差的情况下，从自然界中的海水或空气中不断吸取热量而使之连续地转变为机械能的机器，它违反了热力学第二定律，故称为“第二类永动机”。第一类永动机和第二类永动机都是不可能被设计出来的，因为它们都违背了科学定律和定理。电子产品的设计要遵循自然界的科学规律。所以我们在设计时，首先应遵循科学性原则。

(二)易用性、美观性原则

易用性是产品设计中要考虑的重要特征。过去传统的产品设计，由于受到当时的设计理念和科学技术的限制，在产品的使用层面上，常常偏重于以工程设计为主导的用户“可用性”设计。设计出来的产品往往要求用户在掌握一定专业知识的基础上，才能适应和学习产品的各种功能和操作应用。但现在随着产品功能、科学技术的不断进步，那种以“可用性”为基础的设计早已不能适应普通用户对产品的认知和使用，尤其是对于日新月异的信息技术一体化产品，如何最大限度地使用户易用、乐用和高效应用，于是“易用性”就成为产品使用层面上的设计重心。伴随着“可用性”到“易用性”转移，一门崭新的学科——交互设计出现在设计师面前。

例如，以前靠按钮或旋钮来实现开关或调台的传统电视机已被淘汰，目前普遍使用高级的遥控电视机。将来还会出现远程控制与手势控制的智能家电。由于以前的电视机操作比较麻烦，接收效果不是很好，实用性比较差。现在带遥控的电视机操作方便，实用性更强了。总之电视机变得越来越实用了——它们的设计都遵循了实用性原则。电视机的外壳和颜色也不断地更新，更加适合人们生活的需要。手机外形也不断地创新设计而变得更加漂亮，也更加人性化，它不再仅仅是通信工具，同时也成了一件装饰品。爱美之心，人皆有之，追求美是大众时尚；产品的美观，其内涵是非常丰富的，除了形状美、色彩美、材料美等以外，还有文化性的美、技术性的美、风格性的美、趣味性的美等，一件好的设计作品能充分体现设计者的美学造诣。因此，设计还应遵循美观性原则。

产品设计应最大限度满足人们的审美需求，满足人们的审美心理，满足人们的使用习惯，使人们在使用产品的过程中不仅体验到功能的便利，更能够获得精神的愉悦。在审美需求设计中，要符合产品的情感化设计。

产品的情感化设计是指在设计过程中，设计师可以分别从用户的本能的、行为的和反思的三种维度展开设计。本能水平的设计关注的是外形,行为水平的设计关注的是操作,反思水平的设计关键是形象和印象。本能和行为水平在全世界都是相同的,尽管有迥然各异的文化。只有反思水平在文化间有很大的差异。如何从反思水平展开分析,从产品设计中拥有更多的趣味、反思、印象等情感性要素,是设计者尤其需要关注的。

(三)安全性原则

安全性是系统在可接受的最小事故损失条件下发挥其功能的一种品质,也定义为不发生事故的能力。对于产品开发,设计人员需要具备产品安全设计意识。安全设计意识是指设计中考虑降低产品各种可能出现的安全隐患,不仅仅指对用户造成的人身伤害,还包括系统的功能失效。

(四)技术规范性原则

技术规范可以降低成本,减少工作量。对消费者选购产品以及企业进入国际市场也有很大的帮助,所以设计应该遵循技术规范性原则。

首先请大家思考以下问题:

为什么很多产品上都标有"通过国际 ISO9000 体系、ISO9001 验证、ISO14000"等系列质量、环保标准?因为这些产品的制造都是按照国际上统一的技术规范。例如,国际上多数国家都使用相同的移动电话技术规范来建设他们的电话信号收发设备,所以具有全球漫游功能的移动电话可以在全世界上百个国家自由地漫游通话。

总之,这些事例都说明,各行各业都有一些设计的技术规范,这些规范往往是实践经验和科学理论的总结,设计时必须遵循。有的技术规范是以"技术标准"的法规式文件出现的,这是产品设计制造必须达到的技术要求,设计时必须按照执行。否则可能出现质量或安全方面的问题。

(五)可持续发展性原则

可持续性原则的基本思想是指在设计阶段将环境因素和预防污染的措施纳入设计之中,将环境保护作为产品的设计目标和出发点。产品的设计要考虑到人类长远的发展,资源与能源的合理利用,生态的平衡等可持续发展的因素,技术产品是与生态、环境、资源等紧密相连的。可持续性发展原则包括以下主要内容:

1. 设计过程的每一个决策充分考虑尽量减少对环境的破坏。

2. 尽可能减少原料和自然资源的使用,减轻各种技术、工艺对环境的污染。

3. 在设计过程中最大限度地减小产品质量和体积。在生产中减少损耗,在流通中降低成本,在消费中减少污染。

4. 改进产品结构设计,产品废弃物中尚有利用价值的资源或部件便于回收,减少废弃物的垃圾量。

为了减少对环境的污染,减少对不可再生资源和材料的消耗,节省常规资源(不可再生资源),同时也是为了减少对自然环境的污染,减少有害气体的排放。

(六)经济性原则

经济性原则是用较低的成本获得较好的设计产品的原则。设计者应该通过合理使用材料,合理制定设计要求,注意加工工艺过程的经济性等方面综合考虑,使自己的设计符合经济性原则。即从材料、技术、管理工艺(加工方法)包装、运输、仓储等方面考虑。“在满足产品技术、应用要求的前提下,尽可能经济,获得较高的性价比。”①

(七)创新性原则

产品设计的创新形式是至关重要的,创新是设计的灵魂。产品设计的创新原理主要可概括为以下两个方面:

1. 注重价值经济实用的经济价值性原理。

2. 科技先导实施转化的科技人性化原理。

创新是发展的前提,创新是设计的灵魂,创新设计是为了适应社会的发展和人们生活方式的改变,一般从外形、材料、结构、原理、工艺等方面来考虑。遵循创新性原则,既体现了设计的特征,也满足了社会发展需要和人们追求新生活的需要。所以,对于任何一个设计者来说,都应该遵循创新性原则。创新性设计思想是指一种观念,也是设计师的世界观,在设计的任何时候都暗示着“怎样的设计才是合理的和美的”这一命题,并从宏观上控制设计师在寻找最佳方案时的思维方法。

(八)求适性原则

产品设计要求产品适宜于人,即以人为本、以用户为中心来设计,综合考虑人体工学、感性工学、设计心理学、人与环境的协调发展等因素。好的产品在产品与用户的交互方式、用户和产品及企业接触的体验,这些都是求适性设计的目标。

二、电子产品设计中的关键因素

(一)电子产品设计中的人机交互性

现在,电子产品日渐丰富,从各个层面深入到了人们的生活,给人们生活带来了极大的方便。人机交互在电子产品设计过程中的应用主要是通过视频操作系统来实现的,使用者可按照自己的实际情况对该服务加以选择。虽然这一功能在操作上较为简便,但在产品设计过程中仍然需要较为复杂的程序来予以完成。首先要对虚拟的智能化进行编码,编码完成后把传统软件控制转换成多接口方式,输送到每一个控制终端,在平板编码器数字通道中实现信息转化为操作过程,同时结合用户指令,采用短波的方式进行传播,在编码器的转换下智能化的处理这些信息,最终达到用户的使用要求。人机交互的核心

① 黄松,胡薇,殷小贡. 电子工艺基础与实训[M]. 武汉:华中科学技术大学出版社,2020:81.

就是人性化。除此之外，现在的很多电子产品，在细节上做得都很不够，比如边角的设计，存在很多安全隐患；操作中，没有提示，导致用户不知道如何开始，由于现在产品的黑箱化的趋势比较明显，很多产品都成了一个黑箱，缺乏友好的界面设计，给人带来了很大的麻烦。

产品必须有明确的可操作界面，用户界面设计是屏幕产品的重要组成部分。界面存在于人与物的信息交流中，甚至可以说，存在人与物信息交流的一切领域都属于界面，它的内涵要素是极为广泛的。可将界面定义为设计中所面对、所分析的一切信息交互的总和，它反映着人与物之间的关系。例如数码产品的界面设计，通过菜单的人性化设计，用户很容易操作，这样的界面设计，在用户和产品的信息交流中搭建起一座沟通的桥梁。

用户体验设计强调，从产品开发的最早期也就是概念开发就进入整个流程，并贯穿始终。其目的就是保证对用户体验有正确的预估，认识用户的真实期望和目的，在功能核心方面根据需要能够以低廉成本对设计进行修改，并保证功能核心同人机界面之间的协调工作。

（二）电子产品设计中的计算机科学

自20世纪80年代以来，计算机技术的快速发展和普及以及因特网的发展，把人类带入一个信息爆炸的新时代。信息对人类社会的经济、文化等各方面产生了深远的影响，人类面临着前所未有的巨大挑战。计算机技术与工业设计关系是广泛而深刻的，计算机的应用改变了工业设计的技术手段及其程序和方法，计算机技术势必开启工业设计的新领域，新的技术与新的设计结合起来，就能真正服务于人类。

美国是最早进入信息时代的国家，在许多方面都处于领先地位。因特网的普及，使美国社会全面迈进以信息产业为龙头的全新时代。新型的设计公司能够向企业提供更加全面的服务，它们不仅能提供产品的外形设计和工程设计，也能提供市场研究、消费者调查、人机学研究、公关策划，甚至企业网站设计与维护等诸方面的服务，并具有全球性活动的能力。许多企业把设计作为一种提升企业经营品质、激发创造性的战略性管理手段，而不只将设计局限于单个产品的开发活动，从而大大地扩大了工业设计的应用范围。美国在20世纪90年代，工业设计的主要领域在计算机、现代办公设备、医疗设备、通信设备。

这里不得不提到与工业设计相关的计算机设计学。计算机设计学包括三个方面：环境设计（建筑、汽车）、视觉传达设计（包装）、产品设计。计算机设计学应用，分三个应用层次：

1. 计算机图形作为系统设计手段的一种强化和替代，效果是这个层次的核心（高精度、高速度、高存储）。

2. 计算机图形作为新的表现形式和新的形象资源。

3. 计算机图形作为一种设计方法和观念。

（三）电子产品设计中的造型设计

产品形态设计时，需要考虑机能角色和象征角色两个方面的内容。机能指产品形态语意(设计符号及其象征意义间的关系)获取的途径及方式,由于机能角色具有客观统一性的特点,因而遵循效能性原则,应力图采用理性、逻辑的符号。由于象征角色由主体赋予产品,具主观性的特点,因而遵循适意性准则,依循客观现实,围绕产品在使用情境中显示的心理性、社会性、文化性象征价值来获取。当主体从使用情境中提取出产品象征角色,并把象征意义赋予产品形态时,我们则可采取一些表现手法,如隐喻、类比、直喻等。比如,悉尼歌剧院运用隐喻的手法,将自然物象形态赋予其外观造型。这些象征的含义是人们从小在大量的生活经验中学习积累起来的,设计者把这些象征含义用在机器、工具、产品设计中,使用户一看就明白,不需要花费大量精力重新学习。有良好形态语义表现的产品,总是能很好地表述自己,方便使用者的认知。

20世纪60年代末期,西方设计界普遍对"外形跟随功能"的设计指导思想提出质疑。功能主义思想有一系列局限性。以功能主义为指导思想,设计的日用品基本都是很理性的几何形式,直线、矩形,连圆弧都很少使用,颜色多为白色,这种产品显得冷冰冰的,缺乏人情味。另外,"外形跟随功能"的含义是:外形并没有功能,它必须跟随产品的功能。其实,外形本身就具有一定功能,例如圆形的功能是转动,平面上可以放置其他东西,那么选择外形时应当考虑跟随什么功能呢?

面对20世纪60年代出现大量的新电子产品,形式美的设计概念已经失去意义,电子产品像一个"黑匣子",人无法感知它的内部功能,设计师应当通过其外形设计,使电子产品"透明",使人能够看到它内部的功能和工作状态,这种设计要求无法用形式美表现出来。形式美的设计思想很难处理各种复杂的信息。许多人开始探索新的设计理论,有人提出"外形跟随美学",有人提出"外形跟随成本"。这些理论的潜在思想仍然是在"形式美"的大框架之下,最终人们明白,形式美设计思想是无法解决电子产品的外形设计问题的,必须寻找新的设计理论基础。在这种时代背景下,产生了"产品符号学"。

"产品符号学"的提出有两个目的。第一个目的:使产品和机器适应人的视觉理解和操作过程。在口语交流中,人们通过词语的含义来理解对方。在视觉交流中,人们是通过表情和眼神的视觉语义象征来理解对方。人们在操作使用机器产品时,是通过产品部件的形状、颜色、质感来理解机器的,例如视觉经验认为圆的东西可以转动,红色在工厂里往往表示危险。你怎么会认出房子的门?通过它的形状、位置、和结构。如果你指着一面墙说:"这就是门",没有人会相信。人们早已经把门的形状、门的结构、门的位置以及它的含义,同人们的行动目的和行动方法结合起来,这样形成的整体叫行动象征。设计者应当把这些东西的象征含义用在机器、工具、产品设计中,使用户一看就明白它的功能、它的操作方式,不需要花费大量精力重新学习陌生的操作方法。把"产品符号学"的思想用于电子产品设计,就是要从人的视觉交流的象征含义出发,使每一种产品、每一个手柄、旋钮、把手都会"说话",它通过结构、形状、颜色、材料、位置来象征自己的含义,"讲述"自己的操作目的和准确操作方法。换句话,通过设计,使产品的目的和操作方法应当不言自明,不需要附加说明书解释它的功能和操作方法。

第二个目的,是针对微电子产品出现的新特点改变传统设计观念。传统的功能主义是以几何形状作为技术美的基础,主流设计思想是"外形符合功能",并在三维几何空间里设计几何形状。产品造型就意味着几何形状设计，并已形成一个封闭的几何形式法则，成为机械理论和技术的一个组成部分。而电子产品的行为方式不同于机械产品，一个个都像“黑匣子”，人看不见它的内部行为过程，如果按照对机械产品的理解设计或操作电子产品，就会感到无奈。因为电子产品的“外形”并不符合它的“功能”，用传统的几何形状概念无法描述这些产品的功能特性、含义和操作。当你使用电子产品时，首先需要理解它的功能，需要明白操作过程，它们应当具备哪些适当状态和条件，这些都必须通过视觉来理解。所以设计要从符号学入手，看看人怎么用词语表达行为。

(四)电子产品设计中的可靠性

随着应用电子技术领域的日益扩大，电子产品的可靠性问题愈来愈多地困扰着维修人员。影响电子产品可靠性问题很多，其中噪声是最重要方面。所谓噪声，即对人或设备造成恶劣影响的干扰信号的总称，如造成人身心不愉快感觉的音响、图像信号，机器错误工作的信号等。

对待噪音的态度，犹如对待火灾一样，事先要有足够的措施，否则既费钱又费时间。在电子产品的设计或试制时，对防止噪声的工作条件要有足够的容限范围，这是保证设备可靠性的前提。

1. 电子产品可靠性的工作条件

由于电子产品的绝缘材料受潮气会降低绝缘度，产生漏电流形成噪声。因此，保管或放置电子产品的场所，一定要干燥，要有足够的防潮措施，要避免放在高度潮湿或混凝土墙脚处。

电子产品的静电易吸取灰尘，造成电子元件绝缘度降低和温度升高，因此对电子产品要经常清洁除尘。

电子元件金属部分和空气接触会发生氧化，生锈，改变电阻，造成接触不良，形成噪声。怕生锈的金属或焊接处。要涂上磁漆来保护。另外，焊接时用的酸性焊剂。用后不清除仍然会使电子元件的金属部分腐蚀，造成接触不良。在有腐蚀气体的地点要有充分的防腐措施。

设备所处环境由于某种震荡或冲击易形成噪声，对设备元件安装或布线固定等方面，要有防震和防冲击措施。

2. 电子产品噪音的检修

对电子产品噪音的检修，首先根据电子产品的噪音或工作失常的状态来判断故障是维修还是改进，然后根据故障查出原因。原来正常的电子产品一旦产生噪声，这是明显故障，需维修。但是，投入使用的电子产品一开始就有噪声，它和环境、使用条件和设备性能有关，这不属维修范围而是明显的改进问题了。维修就是查出产生噪音的原因。而改进则是要从头到脚彻底解决噪音的家族问题，这是关键问题。引起电子产品噪声的原因是多种多样的，有的噪声仅由一种原因引起，有的噪声则由多种原因相互混合引起。按照电子产品的噪声来源可将噪声分为内部噪音和外部噪音。

(五)电子产品设计中的创新性

创新是产生新事物的过程,是创造性。创新有两类:第一类是原理的改变,是从无到有的创新,原理上发生变化;第二类创新是在第一类的基础上改进,这类改进更符合使用者的行为习惯和个性需要,创新设计属于其中。创新是电子产品设计的内在需求,是电子产品设计不可缺少的因素之一。可以说,只有具有优秀的创新才能,才能具有卓越的电子产品设计能力。当今社会,人们消费多样化、个性化,生活水平的提高、经济文化的全球化,势必带来消费需求市场的变化。新颖、个性、品位,成为消费者追求的目标。而要达到这一目标,只有通过设计才能实现。设计师根据自己的知识结构经验等,积极探索,设计出满足消费者生理、心理需求的消费品,这正是设计创新的过程,是实现设计价值的过程。

设计过程中,方案通常并不是唯一的,任何设计对象本身都是包括多种要素构成的功能系统。它总是围绕着一个最为本质的"问题中心"而展开的,这个"问题"就是经过设计之后所要达到的一种成果。而在设计过程中,它是受多种因素所限制的,其中包括科学、技术、经济等发展状况和水平的限制,也包括设计对象所提出的特定要求和条件,同时还涉及环境、法律、社会心理、地域文化等因素。这些限制因素共同作用于整个设计过程,形成了设计师所构思的一组外围条件。各种因素的自身作用和其相互作用对设计本身所产生的力量有着大小的差别,而设计师就需要甄别这些因素,协调其相互关系,合理取舍,考虑尺寸、材料、结构、形式等,这就需要设计师充分发挥自己的创造力,最后才能完成设计工作。

创新的过程,由构思到具体化是不断地将不确定的因素剔除的过程。进而,清晰明确地验证其性能。在现代设计过程中比较常用的就是"头脑风暴"法,头脑风暴的特点是让与会者敞开思想,使各种设想在相互碰撞中激起脑海的创造性风暴,是在专家群体决策基础上尽可能激发创造性,产生尽可能多的设想和方法。

我们在创新设计产品的过程中,要走出从众型思想、权威型思想、经验型思想、书本型思想误区以及其他类型思想误区。

我们可以从破除一些清规戒律开始。比如一般大家都习惯于用右手,大家不妨试一试用左手。不妨试一试主动地找学校的某一位名人攀谈。大家在一起聊天时提出与大家不相同的意见等。

对于权威,第一,我们要考察的就是该权威人士的言论是否就是他的本专业领域之内;第二,要对专家地域性分析;第三,研究一下这位专家是否为该领域最新的权威人士;第四,要分析这位权威人士的言论是否与他自己的切身利益有关;第五,要看看这位专家是否真正凭借自己在某专业领域的贡献而获得的专家称号的,因为在不少领域,被外界公认的权威往往并不是本领域的真正专家,他们是借助某种外界力量才成为权威的。

从思想的角度来说,经验具有很大的狭隘性,束缚了思维的广度。经验的狭隘性表现为三个方面的偶然性:

1. 经验具有时空狭隘性。

2. 经验具有主体的狭隘性。

3. 经验之外也具有偶然性。

经验与创新设计思想之间的另外一个作用就是经验是相对稳定的东西，有可能导致人们对经验过分依赖乃至崇拜，形成固定的思维模式，这样就会减低人们的创新能力。

根据当前社会发展和产品设计的新特点，在传统的设计过程中，应该增加或突出两部分内容，首先是增加数字设计内容，以适应目前产品数字化浪潮的特点；其次是增加人机设计内容，因为随着商品的丰富和生活水准的提高，产品的智能性、舒适性显得尤其重要。由于以计算机技术为代表的高新技术的发展，使数字设计和人机设计成为必要和可能。

广义而言，产品创新设计涵盖了产品生命周期中所有具有创造性的活动，根据目前产品设计的时代特性，可以总结出产品创新设计具有以下几个特点：

1. 从企业角度观察，能为产品创造高附加值。

2. 从市场角度观察，能保持强劲的吸引力，不断刺激消费者的消费欲望。

3. 从消费者角度观察，能不断获得新产品，满足物质和精神生活的需要。

4. 从设计师角度观察，能不断迸发灵感进行创造。

5. 从经济发展宏观角度观察，使整个国家的经济呈现强劲的竞争力。

从设计方法论的角度看，产品创新的关键在于实现市场、科研和生产三类信息的获取和碰撞。产品的创新设计就是在一个动态的、不断与外界交流的过程中，从设计初始状态走向设计目标状态。不管是哪一种思想、哪一种风格、哪一种因素，都是设计过程中的一个碰撞点，它们都对产品创新设计起着不同程度的作用与影响。

在创新设计中，灵活采用发散性思维、质疑思维、逆向思维、横向思维、纵向思维、灵感思维、直觉思维和互动思维，使设计产品富有创新性和实用性。

第四节　电子产品设计的要求与方法

一、产品设计的要求

产品的性能、成本关键取决于产品的设计。设计要按照“安全、可靠、耐用、经济、美观、好造、易修”的要求进行，满足可测量性，可采购性，可复制性，可制造性几大基本原则；处理不当，就会因为设计时贪小便宜，制造装配后反倒是亏损，所以，设计时一定要防止仅关注某一方面而忽视其他要求。

（一）实用性

实用性好是指性能良好，操作、使用与维护方便。“电子产品的包装设计要注重其科技含量的体现”,[①]实用性是产品设计的目的。设计上要“形式服从功能”,遵循实用、合理、为消费者着想的设计原则。设计出的产品要物有所值,而不是华而不实,虚浮的噱头,不能喧宾夺主。

(二)可靠性

可靠性是指产品在规定的条件下,在规定的时间内,不出故障地完成规定功能的概率。产品的寿命取决于产品的可靠性,而产品的可靠性主要取决于设计中的可靠性。在现代设计中,可靠性是通过可靠性设计的方法来实现的。可靠性设计的主要任务是“保证产品的可靠性和可用性,延长使用寿命,降低维修成本,提高产品的使用效益”。[②]

(三)安全性

在设计电气产品时要特别注意整体安全性的设计。世界各国都对电气产品有强制性的安全规定,例如美国的UL标准、加拿大的CSA标准、欧洲的IEC标准、日本的电气用品取缔法等,尤其是出口产品必须要取得进口国的安全认证才能输出。认证是指“用合格证书或合格标志证明某一产品、过程或服务符合特定标准或其他规范性文件的活动”或“由可以充分信任的第三方证实某一鉴定的产品或服务充分符合特定的标准或全部的技术规范的活动”。[③] 尽管各国对不同产品的安全标准规定不尽相同,但为了防止触电、火灾等事故的发生,都对绝缘材料、绝缘距离、认定元器件等有相应的强制性规定。例如,规定相邻电路间根据其电压差的等级应保持的空间距离;规定关键元器件必须使用被认定的产品;规定产品在任意元件发生开路和短路故障时都不得有火焰产生等。

(四)经济性

设计产品不仅要求有良好的性能,而且要求有较好的经济性。这就要求设计的产品在满足性能要求的基础上,结构简单、省工省料、生产成本低。例如,采用的元器件等级、加工精度等要与技术要求相适应,能用民品就不用军品,不能一味提高精度;当产品的寿命受到某种元件(如电解电容器等)的寿命制约时,其他元器件就不必要选用寿命过长的,所以要统一设计基线,保持所有元器件使用基线在同一水平级别。

(五)工艺性

工艺性是衡量设计质量的重要标志之一。美国专家对机电产品质量进行的分析表明,工艺性不良所造成的缺陷约占缺陷总数的20%~30%。因此,产品设计要有良好的工艺性,要尽可能考虑到加工的方便、制造上的技术水平和设备能力,尽量采用省时省料、能降低制造成本和减少加工工序的工艺流程。

---

① 王景爽,张丽丽,李强. 包装设计[M]. 武汉:华中科技大学出版社,2018:115.

② 宋述芳,吕震宙,王燕萍. 可靠性工程基础[M]. 西安:西北工业大学出版社,2018:15.

③ 李宗宝,王文魁. 电子产品工艺[M]. 北京:北京理工大学出版社,2019:16.

(六)标准化

在产品设计中,要贯彻执行标准化、通用化、系列化的设计原则,积极采用国际先进技术标准。这可以简化产品结构和设计,提高零部件的通用性和互换性,节省开发时间,便于生产和维修。在产品设计中贯彻标准化,就要在产品结构上尽量少用非标准件,多采用标准件、通用件、通用电路和标准单元结构;对零部件的形状、尺寸、精度、公差等要执行国家标准;所有技术文件都要符合统一规定。

(七)继承性

产品设计中,尽可能继承老产品中先进合理的部分及已掌握的生产技术和生产经验。这样可以使原有的设备得以重复使用,降低产品成本;还可以减少设计工作量,缩短设计时间,加速开发进度;同时需要依靠管理去强制性要求与约束,否则,各种型号与系列会越用越多,造成采购与维护成本的增加。

二、产品设计方法

在现代的产品设计中,有一些较为常用而有效的设计方法。它们都建立在各自的理论基础之上,可以说每一种方法都是一门学问,所以本书只能粗略地提及这些方法,详细内容读者可以参阅有关专著。

(一)价值分析设计法

价值分析法是运用价值工程理论,对产品进行有组织的功能分析,科学地确定产品的功能,定性和定量地分析功能与成本的关系,力图以最低的总成本实现产品的必要功能。用价值分析法指导产品设计,能消除产品设计中的过剩功能和不必要的成本,使产品具有良好的经济性和较强的竞争能力。

(二)优化设计法

产品优化设计是指在各种设计限制条件下,优选设计参数,实现产品设计优化。一项电气产品的设计,总是力图在给定的功率、体积、输入、成本等限制条件下,取得最优的技术经济指标。优化设计是最优化方法和计算机技术结合实现在设计领域的应用。优化设计的过程,一般是首先建立优化设计的数学模型,选择适当的优化方法;其次要编写计算机程序;然后输入必要的数据和设计参数初始值,通过计算机求解并输出优化结果。

(三)计算机辅助设计法

计算机辅助设计法(Computer Aided Design,简称 CAD)是指设计工作,尤其是设计的思路,主要依靠设计师完成,由计算机帮助设计师完成部分工作。CAD 将人的经验、智慧与计算机的高速运算结合起来,可以方便地实现优化设计。计算机可以对多种设计方案进行模拟、比较，并把设计结果绘成图纸。CAD还可以借助数据库，利用各种典型结构设计、标准化结构设计、通用件等，加快设计进度。现在，各种电路设计、电路板设计、机械设计等的CAD已用于产品设计中，计算机仿真是另外一种高层次的辅助设计，甚至可能在不久的将来，辅助设计可能局部替代人工设计，一些特殊行业已经在利用计算机仿真取代人工进行设计。

（四）模块化设计法

模块化设计是分别将系统中某些完成单一功能的部分设计为不同的模块，模块间保持相对的独立性，将模块互相连接构成系统，也可以设计一系列可互换的不同功能的模块，这样便于选用所需的功能模块与其他部分组成不同的新产品。这样可将原来复杂的问题简化、分解，使设计工作能平行展开，缩短设计周期。由于模块功能相对独立，设计中的错误被局限在有限的范围内，有利于调试、查找和纠正问题。同一个模块还可能被用于不同的设计中，这使设计工作量大为减少。

（五）可靠性设计法

可靠性设计是运用可靠性工程的理论和方法，使设计方案在满足性能指标的同时，满足预定的可靠性指标。可靠性设计主要包括三个内容：一是系统的可靠性分配，即将系统规定的可靠性总目标合理分配给各零部件，也就是确定各零部件的可靠性目标；二是可靠性预测，即利用已知的失效率数据和概率理论来进行计算，以预测各电路、各零部件及系统可能达到的可靠性；三是可靠性技术设计。

常用的可靠性技术设计措施主要有以下几个方面。一是简单化，即遵循“简单即可靠”的设计原则，尽量简化结构，减少元器件、零构件的数量与品种，例如用集成电路代替大量分立元件；二是设计“从严”，即所用元器件、零部件要经过严格试验及筛选，采用优质的部件或降负荷使用；三是冗余，即对可靠性要求高或易发生故障的部位设计“多重保险”，例如通信电源采用多台并联工作，一台的故障不会使系统瘫痪；四是耐环境设计，即在设计中要考虑产品耐环境条件变化的能力，以确保环境条件变化情况下的性能和可靠性，环境条件包括温度、湿度、振动、冲击、腐蚀性气体等；五是人机工程设计，即在设计结构时尽可能考虑到人机协调，便于操作，不易发生差错。

（六）电子设计自动化设计法

电子设计自动化（Electronic Design Automation，简称EDA）是一门综合技术，是从CAD（计算机辅助设计）、CAM（计算机补助制造）、CAT（计算机辅助测试）和CAE（计算机辅助工程）的概念发展起来的，“把计算机所具有的运算快、计算精度高、有记忆、逻辑判断、图形显示以及绘图等特殊功能与人们的经验、智慧和创造力结合起来”。[①] EDA技术是以计算机为工具，通过EDA软件平台，以原理图、状态图、硬件描述语言（HDL）进行电

① 殷埝生．电工电子实训教程[M]．南京：东南大学出版社，2017：114．

路描述，软件自动完成逻辑编译、逻辑化简、逻辑综合和优化、布局布线、逻辑仿真，直至对特定目标芯片的适配编译、逻辑映射和编程下载等工作，最后将若干电路，甚至一个系统制作在一个可编程逻辑器件上。尽管目标器件是硬件，但整个设计和修改过程如同完成软件一样方便和高效。

(七)创造性设计法

1. 创造性思维方法

创造，就是把现有的思想或组件巧妙地重新加以综合。创造性思维的方法很多，下面仅介绍两种。

(1)特性列举法。

这种方法最适用于产品的改进设计，可以消除已有产品的缺点，改善性能，降低成本，提高市场的竞争能力。例如，改进设计某种型号的彩电，就可对组成彩电的主要系统分解，集中研究它们的特性，寻求改进方案。一般来说，分解的层次和数目由改进产品的复杂程度而定。这种不断确定特性，并在不同层次上再分解的过程，会使设计者开阔眼界，推动其设计出新的方案来。

(2)输入—输出分析法。

这种方法是把设计对象的初始状态看成“输入”，把对象的目的看成“输出”。创造构思方案时，以给定的制约条件为前提，首先设想输入与输出有无直接关系，能否以输入为手段直接达到输出的目的。如果不能，再进一步研究输入与什么事物发生联系，通过什么手段才能达到目的，如此逐步深入，最终把输入、输出联系起来。

2. 创造性设计法

创造性设计法是通过对过去的经验和知识的分解与综合，使之成为新事物的过程。在设计中，不仅要了解现实主题，而且要通过想象创造新的事物。创造性过程中的思维活动，具有一般思维活动的特点，但又不同于一般的思维活动。它是在现有资料的基础上进行想象与构思，从而解决前人所未解决的问题。

新设想的提出，明确了问题的性质，把问题纳入一定的原则，从而可以遵从这些原则构思出解决问题的办法。如设计一蜂窝煤机时，想到必须把煤粉压成蜂窝砖型，所以，制煤机应当属于压床类。根据采用压力型方式，加以具体的想象深化，最后就会设计出压煤机来。

启发对顺利提出新假设起着很大的作用。启发是从其他事物中看出解决问题的途径。起启发作用的事物叫原型。任何事物都可能有启发作用。善于观察，善于思考是创造思维的核心。

(八)软件设计法

现在，许多产品都是利用计算机来完成计算、控制、通信等功能的，所以产品设计工作往往还要包括软件的设计工作。软件设计之前首先要明确该软件要达到的目的和要求，即弄清“做什么”的问题；而软件设计就是着手解决“怎么做”的问题。

通常软件设计工作可以分为五个阶段，即需求分析、软件设计、软件编码、软件测试、软件发布。需求分析主要包含三个方面需求，业务需求、用户需求和功能需求。通过逐步细化各个部门对软件的需求，描述软件要处理的数据，并给软件开发提供一种可转化为数据设计、结构设计和过程设计。为软件完成后评价软件质量提供依据。软件设计可分为两步，即概要设计（又称系统设计或结构设计）和详细设计（过程设计）。概要设计应决定软件的总体结构，这包括整个软件系统分为哪些部分，各完成哪些任务，各部分之间有什么联系等；同时还应制定初步的测试计划。详细设计要确定软件各个组成部分的算法及选定某种表达方式来描述各个算法等。概要设计经常采用模块化设计的方法，即把整个系统划分成若干个模块，每个模块完成一个特定的子功能，把这些模块按某一形式（树状结构或网状结构）组织在一起，来完成系统要求的功能。在划分模块时，一是要特别重视模块的独立性，独立性的强弱直接影响到软件的质量；二是模块的规模应该适中，经验表明，一个模块最好能写在一页纸内（通常不超过60行语句），过大不易理解，过小将使系统接口复杂；三是掌握每个模块适当的扇入和扇出数，避免过多的扇入和扇出，保持合理的程序结构。采用模块化设计方法有如下好处：

1. 划分模块以后，每个模块完成单一的职能，使复杂问题得到简化，便于理解和管理。

2. 划分模块以后，可以独立地进行模块的编码和测试，能平行开展工作，加速开发进程。

3. 模块的划分把每个模块要解决的问题局限在有限的范围之内，修改、处理一个模块的程序时，不必考虑也不会影响别的模块。个别人的差错一般被限制在相应的模块内，不会影响全局。

4. 一个模块可被多次使用，提高了软件产品的利用率和可移植性。

详细设计的任务是着手解决怎样实现每个模块功能的问题，但还不是具体地编写程序，而只是设计出程序的“蓝图”，然后根据这个蓝图写出实际的程序代码。因此，详细设计的结果基本上决定了最终的程序代码的质量。因为程序的“读者”有两个，那就是计算机和人，所以，评价程序的质量不仅要看它逻辑是否正确，性能是否满足要求，还要看它是否容易阅读和理解。详细设计的目标除了逻辑上正确地实现每个模块的功能之外。更重要的是设计出的处理过程应尽可能简明易懂。

在详细设计阶段软件开发者面临两个方面的问题，一个是决定每个模块的算法，另一个是如何准确地表达这些算法。前一个问题要根据每个模块的具体要求和规定的功能来定，后一个问题需要给出适用的算法表达形式，或者说应提供详细设计的表达工具。虽然近年来提出了一些新的算法表达工具，例如N－S图、PAD图、PLD语言、HIPO图等，但目前为大家所熟悉的使用最广泛的算法表达工具还是程序流程图或称程序框图。程序流程图虽有控制流程表达清晰、直观易懂的优点，但也存在着流程图不规范、转移控制太随意等缺点。

下一步就软件编码是将上一阶段的软件设计（概要设计、详细设计）得到的处理过程的数据转换为基于某种计算机语言的程序，即源程序代码。软件编码需要根据项目的应用选择适当的编程语言、编程环境和遵循编程规范。现在的软件开发大多数都是模块化的设计思想程序员需要保证自己程序的可靠性、可读性、可移植性、可维护性和一致性，增强团队开发效率。

软件测试就是在通过程序运行来发现程序问题的过程，软件测试应该贯穿在软件开发的整个过程中，需求分析阶段制定软件测试计划、设计阶段完成测试用例，软件编码阶段完成测试方法设计和运用。所以说，软件测试是一种有效地提高软件质量的手段。

软件发布就是严格按照软件产品发布流程发布软件版本建立和完善软件产品版本控制，保证软件产品质量的关键过程。

第二章 电子产品设计的影响环节

电子产品的设计不是孤立完成的，而是受到多个环节及多种因素的影响。在这种影响下，电子产品不断健康良好地发展。本章节是对电子产品设计的影响环节的阐述，内容包括电子产品与文化、环境、市场的关系分析，电子产品设计与供货商的关系分析，电子产品设计与用户的关系分析。

第一节 电子产品设计与文化、环境、市场的关系分析

工业设计的目的是通过物的创造来满足人类自身对物的各种需要，这与文化的目的不谋而合。工业设计的对象是物，不管这种“物”对人起到何种作用，在本质上，它们都是人类的工具。哲学上，工具具有双重的属性：“工具的人化”与“工具的物化”。[①] “工具的物化”在浅近的层面上，就是使人的工具构想如何实现。“工具的人化”的本质是在工具上必须体现出人的特性，使工具这一客体成为人这一主体向外延伸的对象。在电子产品设计中，必须有这样的思想：任何物的设计都是人的构成的一部分，都是人这一生命体的生命外化的设计。

顾名思义，电子产品设计是电子类的商业产品的外观、功能、构造等部分的设计，然而对某一种产品的设计自然涉及许许多多的方面和问题，要让一个电子产品变得出色、优秀、实用，自然需要结合许多方面优势，例如文化、环境、市场的关系等众多内容。

文化是一个群体，可以是国家，也可以是民族、企业、家庭，在一定时期内形成的思想、理念、行为、风俗、代表人物，及由这个群体整体意识所辐射出来的一切活动。传统意义上所说的，一个人有或者没有文化，是指他所受到的教育程度。后者是狭义的解释，前者是广义的解释。

环境，既包括空气、水、土地、植物、动物等物质因素，也包括观念、制度、行为准则等非物质因素；既包括自然因素，也包括社会因素；既包括非生命体形式，也包括生命体形式。

---

① 伏虎，李新，李俊，吕从娜，赵鹏，黄超．设计概论[M]．成都：四川美术出版社，2017：17－18．

环境是相对于某个主体而言的，主体不同，环境的大小、内容等也就不同。

市场关系，指为了买和卖某些商品而与其他厂商和个人相联系的一群厂商和个人，是一群与之相关的人们和厂商之间的联系。结合以上内容，可以知道电子产品在这三个主要的关系的影响下产生出一个产品对应的一个设计，所以，文化、环境、市场关系对电子产品的设计是尤为重要和不可或缺的。

一、电子产品设计与社会文化的关系

设计是文化的一个重要组成部分，它得益于文化的滋养，同时也传承着文化的理念。在现代的各个设计领域，如包装设计、产品设计、舞台设计和园林设计等，已经有很多设计案例成功地运用中国传统文化，从而使得设计具有一种浓郁的文化底蕴。对于电子产品的设计和研究来讲，如何清楚认识中国传统文化元素并加以合理的应用是一个重要的课题。

改革开放以来，中国举世瞩目的发展成就不仅赢得了世人的关注与尊重，也唤醒了世人对中国传统文化的思考和重视。在日趋激烈的国际竞争的大势下，中国要完成从有形的“中国制造”到无形的“中国创造”的跨越式转型，在很大程度上取决于工业设计的创新。将中国传统文化融合于电子产品设计中又是一个创新的渠道，使“中国创造”更具特色、民族性。工业设计具体地说，是设计师基于自身的本土文化底蕴，运用已有的工具和工艺，根据美学要求，用创造性的手法将材料加工成具有一定造型艺术的实体，使之成为使用价值和欣赏价值合一的产品，这些社会的转变都加速社会对中国工业设计寻找自己特色道路的诉求。因此，对于电子产品的设计来说，能否在设计中体现文化的内涵，能否将中国元素巧妙地融合到设计当中，都体现对知识背景和对中国本土文化的理解。目前，在中国无论是文化界、营销界还是设计界，已经意识到了中国元素的重要性，甚至开始肩负中国元素的复兴使命。

人们的审美观念，因时代、社会、阶层，乃至地理环境的不同而不同，呈现阶段性的发展。从中外的设计史中可以发现，每一件具有鲜明时代特色的设计作品，从设计理念到制作工艺、从形态到质感、从色彩到布局构图，无不受到当时社会文化的影响，体现着特定时期的时代特色，蕴含着丰富文化内涵，体现着不同民族、不同时代、不同地域的审美需求、文化特色和风格特征。例如，新石器时代的彩陶、商代的青铜器、唐三彩，宋代的瓷器等。资源、环境问题是当今世界面临的重大难题。今天，人们对于自身生存环境的忧患意识，使得设计师对于设计不再仅仅考虑人的个体需求，更多地把设计放到人、社会、环境这样一个大的背景之下，以可持续发展的眼光考虑社会、环境的需求，寻求人、社会、环境的和谐。于是，使用无污染、无公害、可回收、可循环利用的材料和技术，能源消耗小的绿色设计、环保设计、循环设计等应运而生，并受到大众的推崇。正是从这个意义上说，设计艺术是一种社会文化活动，它不仅以一种物质形态出现，同时又以隐形文化精神出现。

二、电子产品设计与环境的关系

在个性化时代,人们以更加积极的实践,去改善人类自身的生存环境。设计作为一种从无到有,从无序到有序的实践活动,得到前所未有的重视,但设计活动实施以后,则可从以下三个方面去评判设计的价值:

1. 设计是否以保护自然环境为前提。
2. 设计是否以优化文化环境为责任。
3. 设计是否以平衡人的需求为约束。

(一)电子产品设计中的生态意识与环境意识

目前,由工业排放引发的全球性气候变暖、海平面上升等问题,已直接威胁到人类自身的生存环境与生存质量,环境问题被迅速提到许多国家及政府的议事日程上来。人们在工业设计和生产中已经把环境保护作为前提,极大地体现了当代工业设计的价值。如今,能否在工业设计中体现生态意识与环境保护意识,成为衡量信息时代设计好坏的重要标准。

在这样的时代背景下,作为工业产品的直接设计者——工业设计师,也清醒地认识到一个残酷的事实:产业化大潮带给人类的不仅仅是繁荣,浮华的背后是一个满目疮痍的地球。传统的设计理念已经过时,关注生态与环境,设计简洁实用、绿色环保的产品,已为许多设计师所接受并达成共识。

工业设计师设计的产品能否实现企业价值的最大化,是衡量其是否合格的重要标准。而价值的最大化最终要落实到产品能否最大限额地占有市场。如今,工业设计理念中以人为本,以人为中心的思想日益突出。伴随着科学技术的高速发展,特别是信息时代的到来,人们的观念发生了深刻的变化,表现在价值观上,即文化系列的需求大于生产系列的需求,选择的观念大于供给的观念,选择的差异化,层次化由窄变宽,由重视物的使用价值到重视物的精神功能。在工业设计中,充分考虑生态意识与环境意识,不仅实现了设计理念上的创新,符合了时代发展的潮流,同时也极大限度地迎合了广大消费者心理上的安全感与满足感,在产品销售过程中会获得意想不到的结果。

一名出色的电子产品设计师,无论是出于企业自身的角度,还是社会的需要,在设计的过程中都不可忽视生态意识与环境意识。尤其在我国,设计师在采用高科技手段进行产品设计的同时,还要注意以下几点:

1. 在新产品设计中,要尽可能节省材料。
2. 在产品设计中,选用可以再生或是易于再生的原材料。
3. 在产品设计中,尽可能地避免使用危害环境的材料或不易回收再生产的材料。
4. 在产品设计中,需考虑工艺生产过程与家庭消费使用中的节能问题。
5. 所设计的产品是否可以重复使用。
6. 新产品设计必须是健康的、安全的、与环境融洽的、生命周期长的设计。

随着工业技术的进步,影响环境的工业领域也从以往的重工业和传统工业转向电子工业等现代工业,这是令许多科技工作者所没有想到的。特别是电子工业,其对环境的影响已经使各国不得不对电子产品专门制定环保要求的法律、法规,电子工业也与汽车工业一样,进入了诸多环保要求限定的环境壁垒时代。

电子工业对环境的影响从生产过程到成品废弃物都有,生产过程包括机械加工、表面处理、电子装配等。其中尤其以表面处理的影响较大,因为表面处理所涉及的化学品比较多,而化学品是造成环境污染的重要因素之一。至于电子产品的废弃物则更是对环境有很大影响,却又容易被人们所忽视。

以电子产品都要用到的印制线路板为例,现在已经可以确定,废弃的印制线路板由于含有阻燃剂,在作为垃圾焚烧时,会产生严重污染环境的二噁英,而成为严格禁止焚烧的污染物。二噁英属于氯化三环芳烃类化合物,主要来自垃圾的焚烧、农药、含氯等有机化合物的高温分解或不完全燃烧,有极高的毒性,又非常稳定,属于一类致癌物质,由于极难分解,人体摄入后就无法排出,从而严重威胁人类健康。因此,禁止使用含有卤素类阻燃剂的印制板已经成为世界性趋势。至于其他与印制板制造有关的影响环境的工艺,包括印制板制造中其他工艺所用的化学品,如退锡剂、图形蚀刻液、电镀废水等,都是对环境有不同程度污染的物质。

由于电子产品通常都比较复杂,所用到的零部件的品种多、类别杂,从各种有色金属到各种非金属材料都有。因此,其加工制造过程肯定会产生许多影响环境的因素,产品成品也要用到一些对环境有影响的物料,所以,对电子产品提出环境因素控制和环境保护是很有必要的。

(二)电子废物的污染及其再生处理

1. 电子废物的污染

废旧电子产品数量正以惊人的速度增长,它们已成为固体废弃物的主要来源之一。废旧电子产品的出路一是继续使用,二是作为垃圾丢弃,三是回收利用。目前这三方面都存在着许多严重问题。

废旧电子产品往往被转卖至偏远地区而继续使用,而这些继续使用的产品大都已远远超过了设计寿命期。电视机、洗衣机、电风扇等电子类产品一旦超过使用寿命,因其绝缘性能降低、零部件损毁程度深、内含的有毒有害物质对人体辐射加大等,继续使用将会导致机件磨损、严重腐蚀,电气绝缘强度降低,造成电力的浪费和噪声干扰等,对人体健康、生命安全构成潜在威胁。

还有不少地方将废旧电子产品作为垃圾任意丢弃并直接焚烧,其中有毒化学品、有害塑料和其他化学物质经燃烧释放的物质会对环境造成严重的污染;电冰箱的制冷剂和发泡剂是破坏臭氧层物质;电脑电视的显像管属于爆炸性废物;荧光屏为含汞废物;一台个人电脑含有许多有毒物质,如不加处理就被填埋,那么电脑中的铅就会渗透出来,对土壤造成严重污染。这些物质一旦进入环境,将滞留在生态系统循环圈中,其污染是长期的。

此外,不合理地处置废旧电子产品也是一种浪费,因为大部分废旧产品都是潜在的资源。因此,对废旧电子产品的资源再生处理,可以减少浪费,从根本上实现对废弃物的综合利用。

在废旧电子产品回收处理中也存在着许多问题。一些老型号的电脑多含有金、钯、铂等贵重金属,一些私人和小企业采用酸泡、火烧等落后的工艺技术提炼其中的贵重金属,产生大量废气、废水和废渣,严重污染了环境。废旧电子产品中的有害物质一旦进入环境,将长期滞留在生态系统循环圈中,并随时可能通过各种渠道进入人体,从而给人们的健康带来极大威胁。更为严重的是,电子废物的这种污染危害,正通过我们生活周边无处不在的非法转移、拆解、倾倒等违法活动随时随地地侵蚀着我们健康的生活环境。小区周边的垃圾收集点、走街串巷的个体回收业者,也许正是他们在马路边或绿地旁的拆解过程,将电子废物中所包含的铅、镉、砷、镍、汞、铬、钡等多种有害物质带入我们的生活环境中,在大气、土壤、水源中传播,经过动、植物的食物链循环,最终在人体中富集并存留下来,给人体造成极大的危害。

2. 电子废物的处理技术

(1)物理方法处理技术。

对于电子废物,目前国际上通常采用的技术是物理方法,主要对处理的废弃物不添加任何物质,也不加温,使处理物质本身没有改变其化学性质,这样在处理过程中对环境的不利影响最小。

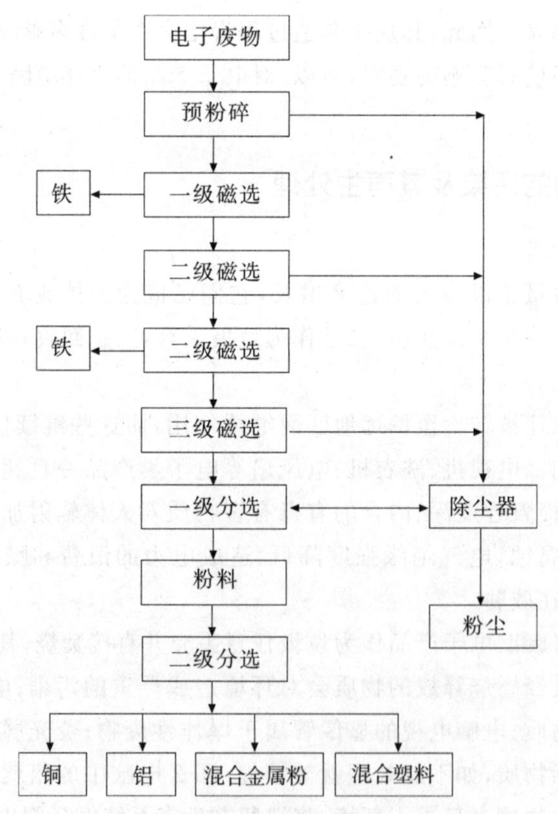

图 2.1　物理方法处理电子废物工艺流程

为了实现在对环境友好的条件下尽可能地对电子废物进行资源再生利用，国际上采用物理处理技术主要针对绝大多数电子废物的无害化、高资源回收率的研究和应用。

图 2.1 是国外普遍采用的物理方法处理电子废物的工艺流程。

该工艺采用先进的“物理分离”技术，代表了当今国际上现代化、正规化、专业化的处理工艺。使用“物理分离”技术将所处理的物品中金属与塑料分开，既可以避免金属冶炼时塑料中的溴化阻燃剂因燃烧而产生二噁英和呋喃等强烈致癌物造成的污染，又避免了湿法工艺中使用氰化浸出产生的废水难以处理问题。将电子废物通过输送带送入预粉碎系统进料斗，预粉碎系统把电子废物粉碎成大块，第一级磁力分选机将粉碎后的电子废物中的含铁颗粒分离出。其余电子废物经输送带运至二级粉碎机，将电子废物进一步粉碎，第二级磁力分选机将二级粉碎后的电子废物中的含铁颗粒分离出。剩余电子废物通过输送机运到给料机，进入冲挤式研磨机，通过在密闭研磨系统中反复研磨可得到最终指定规格的颗粒。

经二级磁选后除去了含铁颗粒，剩余电子废物中主要含有混合塑料和有色金属，通过气流分离器和分选器来进行分选。最终产品为纯的有色金属(铜等)和轻质材料(如塑料)。

上述工艺技术中从环境保护的角度需要控制噪声、粉尘等有害因素，从资源利用角度需要解决粉碎分离技术和分选技术，以提高资源利用回收率。

(2)焚烧方法处理技术。

焚烧方法处理电子废物最主要原因是一些电子废物成分复杂且含有毒有害物质，难以通过其他方法处置这些有毒有害物质，将其按照危险废物焚烧的方式进行处置。

在国外(如日本)对于废印制电路板(包括上面的各种元器件)也有采用焚烧方式对其进行预处理的，其主要理由是将其作为有色金属矿来看待。通过焚烧将印制电路板中的有机和无机物质基本烧掉，剩下的主要物质是含量较高的各种有色金属(主要有铜、铝、金、银、钯等)，再通过不同的精炼方法将各种金属分离出来。对于焚烧炉所产生的烟尘是按照危险废物焚烧处理的烟尘处理系统考虑，整个系统投资较大，因此，只有较少的企业采用这样的方式来处理电子废物。

虽然焚烧方式处理电子废物时烟尘处理系统按照危险废物焚烧的要求考虑，但因物质成分差异较大，对一些有毒有害物质的控制依然是一个难题。

(3)化学方法处理技术。

一般采用化学方法处理电子废物最主要的原因是通过化学反应可以有效地提取电子废物中的贵金属(Au、Ag、Pt、Pd、Se 等)，相对于冶炼或精炼方式来说，提取贵金属的纯度更高，并可以根据处理对象和规模灵活设置。方便之处，可以适合较小的处理规模。但是，采用化学方法处理电子废物，因提取各种贵金属时化学药液、工艺流程、工作条件等的不同将有多套系统，同时，在处理过程中会产生废气和废水，对废气和废水必须采取相应的处理系统，对于废水处理过程中还会产生淤泥，这些废物是采用化学方法难以控制和处理的污染物。有一些用化学方法处理电子废物的企业，并没有设置相应的废气、废水处理系统，或者设置了并不正常运行，因此，在国外一般会限制采用化学方式。与焚烧方法类似，采用化学方法处理电子废物，应有大量和稳定的电子废物，否则系统无法正常运行。

化学方法提取贵金属(Au、Ag、Cu、Pd)的工艺流程如图 2.2 和图 2.3 所示。

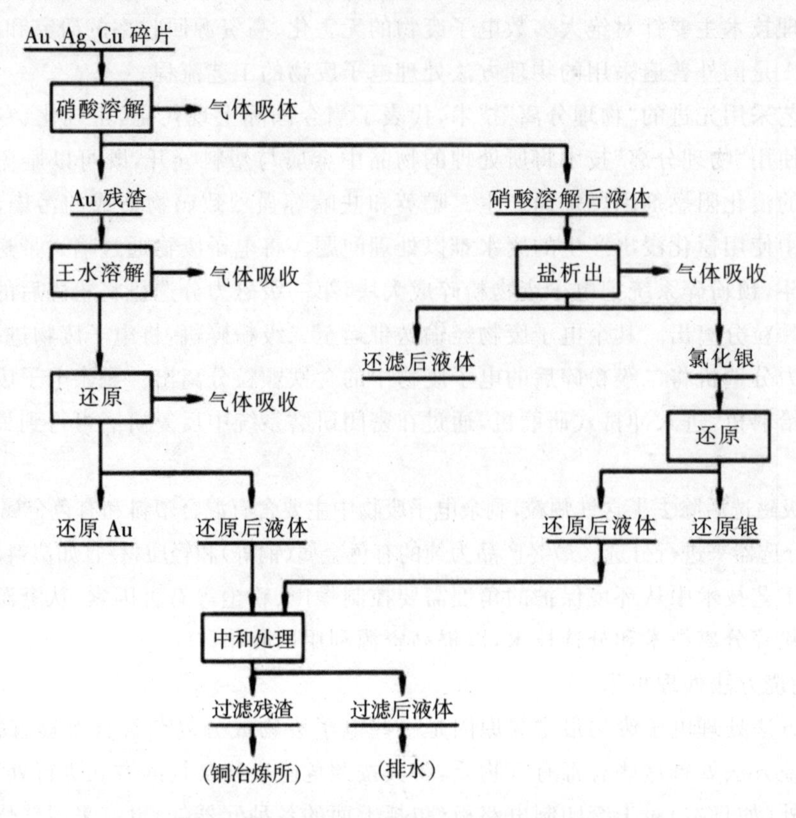

图 2.2　化学方法提取贵金属(Au、Ag、Cu)的工艺流程

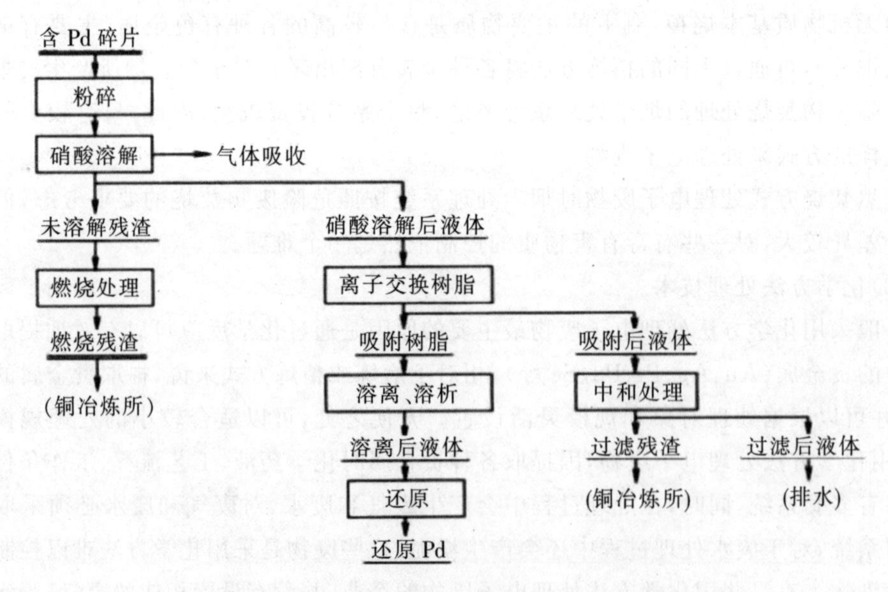

图 2.3　化学方法提取贵金属(Pd)的工艺流程

3．现阶段电子废物的无害化拆解处理工艺

小家电：首先将来料人工分检、分类，再由操作工人使用电动工具拧下螺钉，简单地拆解及部件分类。关键是对含有水银的电动门铃、咖啡壶，含有溴化阻燃剂（PBB、PBDE）的印刷电路板（PCB），含铅的阴极射线管（CRT）锥体，含重金属镉的镍镉电池等含危险废物的小家电要能有效识别，然后再拆下含危险废物的部件，以便无害化处理处置，剩下的其他部件可通过拆解生产线，分类拆解下各种原材料和部件以便再生利用。

旧电脑：首先，分离出电脑的各个工作单元，如主机电源、硬盘、主板等部件；其次，取下印刷电路板和电线，电线卖给金属回收公司，印刷电路板进行粉碎、提取铜和各种金属；再次，拆下含危险废物的继电器、电池等部件，集中后专业化无害化处理处置。对于显示屏，将其切割，将显示屏玻璃和锥体玻璃分离，含铅的锥体玻璃放入专门的容器中贮存，然后将玻璃送给显示屏生产企业加工和生产。不能直接利用的塑料元器件和生产垃圾需要在专用炉内高温焚烧，以分解和破坏其中的溴化阻燃剂。

旧电视机：用手工拆解分成外壳、铝架、印刷电路板、阴极射线管等几部分，分别存放。阴极射线管（CRT）切割破碎处理，因荧光粉中含铅等有害物质，将荧光粉通过吸尘器回收，集中后安全填埋处理。处理后的显示器玻璃运到专业厂重新熔化使用，将其作原料制成新的阴极射线管。

旧电冰箱：首先，抽出冰箱压缩机中的制冷剂和润滑油，然后用分离设备将其分开，制冷剂转入压缩钢瓶内，在 1 800 ℃高温下加氮烧掉，不污染环境；然后，拆下压缩机，将压缩机开盖，取出定子铜绕组，冲出转子铸铝条，转入下道工序处理；再将保温层聚氨酯粉碎，用活性炭吸附发泡剂，聚氨酯粉末焚烧处理。将冰箱箱体通过拆解获得塑料、金属等再生材料。

三、电子产品设计与市场的关系

（一）市场的基本内涵

市场，是产品从生产过程进入消费过程的整个流通领域，是介于商品生产者与消费者之间的一个重要环节。“市场不仅是企业生产经营活动的起点和终点，也是企业生产与经营活动成功与失败的评判者。”[①]产生市场的基础是商品经济，而市场则是商品经济必然的产物。市场的基本关系是商品供求关系，基本活动是商品交换活动。故有人认为，市场是一切商品买卖的总称，不仅包括产品的交换，还包括劳务、信息。

（二）电子产品设计与市场之间的关系厘清

企业的两个基本功能，就是市场营销和新产品的创新、设计开发。市场是现代企业活动的出发点和归宿。企业的宗旨不仅是产值、利润，其目标还应是市场占有率，尤其是要

① 李宏，孙丽英，刘春英．市场营销学（第 2 版）[M]．北京：北京理工大学出版社，2019：2－3．

以新产品、优良服务、促销手段等去占领、开拓潜在市场。而设计是竞争的主要手段,设计是产品价值的重要组成部分。设计有其自身的价值,我们应将设计作为从研究构思到市场营销全过程中的主要活动给予高度重视。

设计是产品的灵魂,是效益的领导。电子产品企业只有抓好了产品设计,技术才有开发力,产品才有竞争力,市场才有应变力,企业才能充满活力。靠廉价劳动力,靠关税壁垒来维持企业与民族工业的日子不会长久。我们必须对设计的重要性有充分的认识,并且要有紧迫感。

市场随着经济、科学技术、文化、国际交往、政治环境、社会情况的不断变化而变化,所以电子产品设计也一定要随之变化。社会越发展,人民生活水平越提高,对电子产品国际化、民族化、多样化的要求越高,市场也越细分。电子产品企业想用一种产品去占领所有市场,想用多年不变的产品求生存,已不适应现代市场的发展。所以,企业应把产品结构调整、抓新产品设计开发、开拓新市场作为战略任务来抓。

电子产品设计来自市场又要满足市场,好的设计既能满足市场和消费者的需要,又能为企业创造高额利润、给企业带来活力。

(三)电子产品设计在市场中发挥的作用

首先,可促进科技成果的商品化。长期以来,把科技成果转化成商品一直是人们关注的问题。应该认识到在新电子产品的开发过程中,技术研究与实验的成功仅仅是完成了一半的工作,只有通过工业设计才能完成另一半的工作,也就是把科技成果转化成为能够被人使用的、便于加工生产的成熟电子产品,并使之商品化,把科研成果转化成生产力,从而为企业产生经济效益。工业设计还决定着技术的商品化程度、市场占有率和对销售利润的贡献。企业开发新电子产品的实力不仅表现在技术的进步、产品的质量与生产效率的提高,还表现在对于动态的市场需求和把技术成果转化成商品的能力,也就是说企业在技术方面和工业设计方面的综合能力,才能反映一个企业开发新产品的实力。

其次,可提高产品附加值。工业设计是提高电子产品附加值的有效手段,经过设计的电子产品本身就意味着产生了附加值。因为工业设计师根据不同消费者和生产企业的特点确定目标市场和产品的设计定位,对电子产品的使用方式、外观造型、材料选择、结构工艺、成品的组装生产和上市前的广告包装等作了精心的设计。像这样经过设计的电子产品,一定会受到消费者的喜爱,同时也将给生产企业带来更大的利润空间。电子产品的生产成本、运输费用等都是固定的价值,但是产品的功能、色彩、形态和它们带给人的心理感觉是很难计算出来的,它们都可以给电子产品带来很大的附加值。可见,工业设计在同样资源投入的水平上,可以使消费者用上更好的产品,使产品具有更高的附加值,为企业创造更多的财富。因此,追求优良设计的附加值将成为未来市场潮流的重要特征。

最后,可提升形象、促进产品销售。工业设计是企业文化中的重要组成部分。现代企业都把企业形象战略视为崭新而又具体的经营要素,工业设计可以提升企业形象,引导消费潮流,促进产品的销售。在市场经济下,由于社会生产水平的不断提高,使消费者的需求大部分都能够得到充分的满足,这样就造成了市场的相对饱和。针对这种情况,企业的经营决策部门在制定企业的经营战略和计划时，可以通过对新电子产品的开发和设计，来有意识地引导人们的消费倾向，通过新产品树立企业形象，占领市场、巩固市场，达到增加产品销售量的目的。通过工业设计可以加速老产品的淘汰，不断开发新产品以适应市场的需求和引导人们的消费潮流。从心理学的角度来讲，当人类的生理需求被满足以后，就开始追求心理的满足；在电子产品的基本使用功能满足需求以后，人们就开始追求产品的新奇性、象征性、文化性、娱乐性，追求富有个性和美感的产品。顺应消费者的心理变化，并以新设计来引导消费者，这对提升企业形象和促进电子产品销售是一种行之有效的方法。

所以，工业设计的核心是满足人们的需求，设计人们的生活方式，引导人们消费的新潮流，而人类消费需求的更新和变化是无止境的，新电子产品的开发设计也是无止境的。企业只有抓好工业设计，才能增强电子产品开发的能力，向市场推出受消费者欢迎的、价廉物美的和功能与外形统一的产品。工业设计是满足市场和消费需求的源泉，是企业活力的保证。良好的工业设计运行机制将不断促进企业电子产品结构的优化和调整，带来市场的繁荣和经济的发展。

第二节　电子产品设计与供货商的关系分析

一、电子产品设计与供货商关系的演变

（一）传统供货商关系

传统意义的电子产品企业与供货商的关系是单纯的买卖关系，企业希望通过降低采购成本，实现企业自身利润最大化的目的。因此，企业与供货商之间很可能缺乏相互的信赖。企业和供货商之间存有芥蒂。

1. 为了获得更好的采购价格，电子产品企业尽量保留私有信息不共享。同时供货商在参加竞争的过程之中也尽量隐瞒自己的信息。这样电子产品企业和供货商双方都不能有效地进行信息共享，进行协同。

2. 供需关系是临时的或短期的合作关系。临时和短期的合作关系造成了竞争多于合作，采购过程之中抱怨和扯皮的事情比较多，这种气氛造成了采购过程中的不确定性。

3. 响应用户需求能力迟钝。又于供货商和电子产品企业缺乏及时的信息沟通，电子产品企业不能及时将市场变化的信息传递给供货商，供货商的生产备货及库存情况也不能及时反馈给企业，势必造成整个供应链一方面库存增加，另一方面又由于供应不能配套，影响生产，供需之间对外部用户的响应没有同步进行，缺乏应付市场需求变化的能力。

4. 对于质量和交货期进行事后把关。电子产品企业很难参与供货商的生产过程和有关质量控制活动，供货商也很难了解电子产品企业的个性化需求和需求的动态变化。

企业相互之间的工作是不透明的，只能对质量和交货期进行事后把关，造成浪费。

与此不同，电子产品协同设计赋予了供货商关系新的内涵。在电子产品协同设计模式下，原材料和零部件的供货商及早进入，并参与到电子产品的概念设计与生产线的改进等具体问题中去。在技术上，电子产品结构愈复杂，则愈需要供货商提供技术上的支持。在管理上，核心企业不再仅仅通过采购、进货检验来保证所购零部件具有优等质量，而是责成供货商按照本企业的需求正确制造和个性化制造。电子产品协同设计促使供货商主动为核心企业的电子产品开发提供设计支持，这标志着供货商管理进入了真正的战略合作伙伴关系阶段。

(二)电子产品协同设计的供货商关系

与传统的供货商关系相比，电子产品协同设计的供货商关系具有一些新特点：

1. 信息共享

电子产品设计是需求、制造、采购、维护等信息聚集的焦点，也是电子产品信息向价值链其他各环节辐射的起源。只有实现电子产品信息的实时、可视化共享，才能保证协作的有效性和决策的准确性。电子产品协同设计要求电子产品企业与供货商之间进行畅通无阻的双向沟通和深层协同。信息共享不仅仅只局限于诸如订单、存货量等简单的数据，更重要的是主动地去分享战略方面的信息，以便共同制定最佳的计划及采取最有效的手段来满足需求。

2. 以企业协作为基础，共同制定长期的发展规划

长期的持续合作关系意味着供需双方共同的发展，互相的信任以及高度的可靠与忠诚。电子产品协同设计的每个经济实体发挥自己最擅长的方面，实现强强联合，以获得更低的成本、更快的上市时间和更好的客户满意度。供货商参与到电子产品设计过程，可以保证最终的电子产品是为客户量身定做的。对于许多电子产品企业来说，电子产品协同设计意味着必须具备一定的供应链管理能力，为供货商制定出专门的评价体系，以便电子产品企业可以监督供货商的表现情况，例如设计能力、产品质量、创新能力等，从而不停地改善与调整自己与供货商之间的关系，动态维持企业与供货商的战略伙伴关系。

3. 以敏捷的产品创新为目的

电子产品企业与供货商实时互动，有助于企业迅速捕获市场需求，并且进行敏捷的协同产品创新，从而获得扩大市场的机会以及获取高额利润。

4. 实现价值链的整体优化

电子产品协同设计模式使供货商参与到电子产品设计中来，保证即时生产所必需的原材料与零部件供应。协同设计从产品创新、上市时间、总成本的角度追求整体经营效果，而不是片面的追求诸如采购、生产和分销等功能的局部优化。

所以，与传统的方式相比，电子产品协同设计由供货商来帮助电子产品企业降低进入市场的门槛。这样，供应链上的电子产品企业通过实施和运用供货商关系管理和客户关系管理，来实现与其上游企业和下游企业的紧密联接和协同运作，可实现整个供应链的快速响应和运作。

二、电子产品协同设计关系的作用与管理

(一)电子产品协同设计关系的作用

建立电子产品企业与供货商之间深层次的战略伙伴关系，有助于实现电子产品企业与供货商之间的双赢。其作用主要表现在以下方面：

1. 增强核心能力

通过非核心业务的剥离，能保证把有限的资源和精力集中在企业的核心能力发展上，集中往往是获得竞争优势的重要方法。

2. 缩短产品创新和开发周期

在传统的供应链模式下，电子产品开发的大部分时间要用于招标、竞标和讨价还价。此外，电子产品企业还要花时间和精力去攻克零部件设计生产上的陌生的技术问题。而对供货商来说，他们的供货压力非常大，往往在批量生产的前期才得到订单。电子产品协同设计模式带来了翻天覆地的变化：电子产品企业通过业务外包，在电子产品的实现过程中，更多地利用供货商，协同进行电子产品设计与开发。供货商则早在电子产品创意阶段就参与进来，使他们既有稳定的市场需求，又有充裕时间为批量生产做准备，提前预见可能的技术问题，不至于到时候被打个措手不及，进而提高运作质量及交货速度和柔性。

3. 降低成本

由于较好地让供货商参与到电子产品设计环节中，将部分责任交给他们来承担，电子产品企业可以简化产品设计过程，在产品设计这一环节上花费更少的时间。开发周期缩短了，开发费用自然也随之降低。与此同时，供货商从样本的设计组装到批量生产都要负责任，因此，避免了许多沟通上的问题和零部件不相容的问题，提高了样本测试通过率。

4. 提高市场份额和获利能力

新电子产品的推出往往会增加电子产品企业的销售额，因此，谁能加快推陈出新的节奏，谁就能占领市场的制高点。新的合作模式成功地缩短了产品开发周期，电子产品企业的市场份额将会有相应的提高。而对于供货商而言，可以对终端市场需求有更好的了解。

5. 有利于技术创新和组织学习

通过电子产品协同设计，使电子产品企业能接触到优秀供货商的新技术，就可以充分利用外部供货商的投资和研发能力，促进技术创新。

6. 降低风险，提高经营灵活性

技术及市场变化如此迅速，竞争优势与领先地位都显得非常脆弱易失，如果价值链的每个环节都搞经营，则意味着在许多方面都存在很大的风险。与供货商合作，可将价值链部分环节的风险转嫁给其他企业，实现真正的风险分担，对客户的需求能更快速地反应。

(二)电子产品协同设计关系的管理

产品协同设计环境下，电子产品企业根据需求选择恰当的零部件及其供货商。供货

商则根据产品需求和企业电子产品资源，尽可能地提供满足需求的零部件，并向企业提出电子产品设计的建议。

协同设计供货商伙伴关系的管理过程可以归纳为6个阶段：市场竞争环境分析、确定协同设计业务、建立供货商评价标准、成立评价小组、供货商参与、评价供货商。电子产品企业必须确定各个阶段的开始时间，每一个阶段对企业来说都是动态的（企业可自行决定先后和开始时间），并且每一个阶段对于企业来说又是一次改善业务的过程。

1. 分析市场竞争环境需求、必要性

建立基于信任、合作、开放性交流的协同设计长期合作关系，首先必须分析市场竞争环境。目的在于找到针对哪些电子产品开发协同设计才有效，必须知道现在的电子产品需求是什么，电子产品的类型和特征是什么，以确认用户的需求，确认是否有建立产品协同设计的必要，如果已建立产品协同设计，则根据需求的变化确认产品协同设计变化的必要性，从而确认评价选择供货商的必要性。同时分析、总结企业现存的问题。

2. 确定产品协同设计业务，建立供货商选择目标

电子产品企业必须确定需要进行产品协同设计的业务，设计供货商评价程序及信息流程，而且，必须建立实质性的目标，其中降低成本是主要目标之一。供货商的评价与选择不仅仅就是一个简单的评价与选择的过程，它本身也是企业自身、企业与企业之间的一次业务流程重构的过程，实施得好，它本身就会带来一系列的利益。

3. 建立供货商评价标准

供货商评价指标体系是企业对供货商进行综合评价的依据和标准。根据系统全面性、简明科学性、稳定可比性、灵活可操作性的原则，建立产品协同设计环境下供货商的综合评价指标体系。

4. 成立评价小组，评价、选择供货商

电子产品企业必须建立一个小组以控制和实施供货商评价。组员以来自技术、采购、质量、工程等与产品协同设计联系密切的部门为主，组员必须有团队合作精神、具有一定的专业技能。评价小组必须同时得到核心企业和供货商企业最高领导层的支持。

5. 供货商参与产品设计

一旦电子产品企业决定实施供货商评价，评价小组必须与初步选定的供货商取得联系，以确认他们是否愿意与企业协同进行电子产品设计，是否有获得更高业绩水平的愿望。电子产品企业应尽可能早地让供货商参与到设计过程中来。然而，因为企业的力量和资源是有限的，企业只能与少数的、关键的供货商保持紧密的合作，所以，参与的供货商应是尽量少的。

在实施电子产品协同设计的过程中，当市场需求发生变化时，电子产品企业有必要根据实际情况的变化及时修改供货商评价标准，或重新开始供货商的评价与选择。在重新选择供货商的时候，应给予当前供货商足够的时间适应变化。

6. 评价供货商

为了保证电子产品协同设计的质量，在电子产品协同设计过程中，电子产品企业的一个主要工作就是调查、收集其供货商的生产运作信息，然后利用一定的工具和技术方法对

供货商进行评价。

如果评价结果表明供货商能够胜任电子产品协同设计的任务，则继续维持双方的合作；如果结果难以令人满意，则返回第四个步骤重新开始评价选择。

在电子产品协同设计模式下，电子产品企业与供货商的关系已经不再是单纯的买卖关系，而是长期稳定的战略伙伴关系。优良的供货商伙伴关系能够增强虚拟企业生产能力的弹性，还可以增强技术、生产和成本方面的竞争能力。因此，协同设计供货商伙伴关系将促进企业合作关系的形成，从市场效率、规模经济、新市场的价值等方面提高企业的竞争优势，获得高额的企业经济效益。

第三节　电子产品设计与用户的关系分析

一、用户需求推动电子产品设计的创新

（一）电子产品为用户服务

随着当今科技的不断发展进步，我们已经进入移动互联网时代，这是一个“以用户为中心的时代”[①]，人们对电子产品的需求和认识也在不断地提高。什么样的电子产品才能打动用户及消费者？什么样的电子产品才能称作好设计？设计产品只考虑电子产品的外观和功能吗？电子产品到底为谁设计？这些都是设计电子产品时必须要考虑的问题。

电子产品是为人而服务的，应该坚持“以人为本”的设计理念去做产品设计，其中包括了设计者、消费者、用户等许多不同类型的人。作为一款电子产品，终极目标就是让用户去“使用”它，而绝非仅仅只是供用户欣赏。所以，设计电子产品时应该始终把用户的需求摆在第一位，不能仅仅考虑电子产品的外观和功能，而应该时刻以用户的眼光来审视产品。考虑用户是否可以接受这个外观、用户是否需要这个功能、按钮放置的位置是否合适等问题。电子产品是为用户设计的，用户需求才是推动电子产品设计创新的原动力，正确分析并合理解决好用户的各种实际使用需求才能设计出真正优秀的电子产品。

（二）根据用户需求设计电子产品

什么叫作需求？它是指在限定条件下可以达成某一目标的解决方案，是一个实体资源的个人组织系统。用户在组织系统中搜索或导航资源不仅仅是为了鉴别这些资源，也是为了使将来能够使用这些资源。[②] 需求是产品产生和存在的根本，以用户为中心的设计方法是工业设计成功的根本，用户的需求是新电子产品创造的直接驱动因素。需求驱

① 王建伟，陈晓峰．数据领袖[M]．北京：中国经济出版社，2017：177.

② （美）罗伯特·格鲁什科．信息组织学[M]．王晓光，姜婷婷，徐雷译．武汉：武汉大学出版社，2019：298.

动是电子产品决策的核心，应通过用户需求来分析电子产品实际存在的问题，不能妄自猜测和假设，其分析的主要思路为发现需求、分析需求、描述需求。

当今的电子产品设计，不仅仅只是满足用户的基本需求，而是要更好地满足用户更深层次、更重要的需求点。其具体的做法是首先满足普遍大量用户的大需求，再满足对电子产品设计和使用有较高需求的用户。我们要了解用户4个真实需求："更快""更多""更便宜""更有意思"。设计师如果不对用户的使用情况进行充分调研，只是闭门造车，肯定不会设计出令用户满意的电子产品。这种设计师一厢情愿的设计并不是以用户的需求作为设计的出发点，只是满足了设计师自己内心求新求变的成就感而已。因此，电子产品的竞争力来自能更好地满足用户的各种实际需求，用户的需求大于一切。

需求的行为是用户实现需求目标所要操作的步骤，也就是需求的全过程。例如，当用户选购一款电子产品时，购买流程概述起来就是找（找有用信息）⟶选（选择所需商品）⟶买（购买商品）。因此，电子产品的竞争力也来自在需求主线上用户需求全过程的满足感。

在设计电子产品时，需要做到以下步骤：量化设计产品的目标，分析需要用户到底需要什么电子产品⟶通过问卷调查等形式收集获取用户需求的相关数据⟶对其大量数据进行归纳分析⟶寻找其突破口（通过分析后，找到对用户最重要的需求点）⟶确定电子产品的定位及用户群体特点⟶开始设计电子产品。

设计电子产品时，应该针对使用者的实际需求和感受来估量，并且围绕使用者为中心进行电子产品设计，而不是让使用者去适应电子产品。所以说，是电子产品的使用流程、电子产品的信息架构，还是人机交互方式等，都需要考虑用户的使用需求、视觉上的感受和理想的交互方式等。一个优秀的并且以使用者为中心的电子产品设计，应具有很高的有效性和用户的满意度，如果延展开来，还包括对使用者来说的产品易用程度，对用户的吸引程度以及使用、体验产品的整体感受等。其具体的分析如下。第一，用户需求是企业经济利益及市场需求的结合体。因为一款好的电子产品，首先是使用者的实际需求和企业经济利益及市场需求的结合体，其次是企业研发时低成本的需求，而这两者都需要企业不断研发相关新技术。第二，根据用户需求设计电子产品可提升产品的核心竞争力，用各个视觉元素及优秀的交互体验去真正地打动用户。第三，根据用户需求设计电子产品可降低用户的学习成本。作为设计者应该通过自己的产品快速准确地传达出简洁、美观、实用性较强等特性，让广大的用户便捷、高效地完成操作，这一点是十分重要的。第四，根据用户需求设计电子产品可带给用户优秀的用户体验和良好的使用心情，它使得用户会更加愿意去花更多的时间使用产品，并且感觉产品十分可靠，值得信赖，在使用时，具有较好的情绪感受。

（三）用户需求对产品设计创新的推动作用

"用户需求"一词最早出现在商业中，后来在各行业中广泛应用。其目的是探求用户所需，投其所好，满足其需求，达到商业交换和盈利的目的。在电子产品设计过程中，用户需求分析也有很重要的意义。设计师通过对用户需求的详细分析，发现消费群体中的潜在或者显在的需求，用来指导新产品的开发设计，以能够满足市场需求的电子产品回馈市场，提高企业和产品的市场竞争力。在电子产品开发设计的一般程序中，很重要的一个环节即用户需求分析。用户对产品的需求不仅仅是对产品功能的显在需求，更包括了用户生理、心理的需求和一种对社会认可、社会地位等方面的潜在需求。

随着科学技术的发展，人们生活水平的提高，人们的需求已不再仅仅只满足于电子产品的使用功能。电子产品创新的外形、电子产品新颖的功能对消费者的心理造成的影响等，都决定着电子产品的成败与否。因此，创新设计对现代的电子产品设计十分重要。那么，如何能让电子产品在市场竞争中脱颖而出呢？为解决这个问题，就要在电子产品设计时遵循以下三条基本原则。第一，设计时要具备前瞻性，最大程度发掘电子产品的潜力。电子产品创新的目的是面向大众市场，增强其影响力，扩大电子产品销售数量，产品构思不但要创新，更为重要的是需要设计者做到换位思考，充分考虑用户的实际使用需求，让用户更快地接受新产品。第二，要考虑到电子产品的经济效益。经济效益是企业在做电子产品设计时重要的出发点，如果设计的优势不能转化成商品的竞争优势，企业的经济效益就不能得到保障。第三，要具有较高的技术发展水平。技术含量高，美观实用，交互体验好，是当今优秀电子产品所必须具有的特点。

那么，遵循原则的同时，如何让用户需求推动电子产品创新设计？电子产品创新设计就是要将产品的要素凸显出来。用户可以通过其中一些要素，如视觉、触觉等方式感知，或是通过材料、色彩、形状等对外观造型进行了解。另外，用户还可通过对电子产品的使用感知到如产品功能的完备与否、结构设计的合理性、使用方便性、舒适性等功能。要让电子产品脱颖而出，创新设计必不可少。创新无处不在，主要包含在两个方面上：首先，电子产品新颖的功能。功能是电子产品的根本，而新颖实用的功能往往最能吸引消费者的注意和使用兴趣；其次，电子产品新颖的外观设计与打造优秀的用户体验。新颖的外观设计是吸引消费者必不可少的一个因素，会影响消费者的选择。因为它具有主动的、引人入胜的感染力，能影响人们的情绪和心理，从而达到让用户愿意花更多的时间去使用产品的目的。

电子产品创新设计是一个系统性的复杂工程，并不能一蹴而就，而是慢慢积累。借鉴并不可耻，站在巨人的肩膀上才能看得更远，只有眼界开阔了，思维才能上升到新的层次，从而做出创新的电子产品设计。只有不断地借鉴，亲身体验、尝试、修改，才能厚积薄发，设计出新的电子产品。

以用户为中心的设计思想已得到人们的广泛认可，电子产品设计正在逐步从技术驱动转变为用户需求驱动。用户需求在电子产品创新模式中逐渐显示出重要的地位，因为所有先进的技术创新最终都是要供用户使用的。只有做到真正了解用户的真实需要，挖掘出其中最重要的需求点，才能创造出让用户满意的好产品。电子产品设计的服务对象应该是用户而不是产品本身。因此，用户的需求就成为焦点所在，电子产品设计更应着眼于用户的潜在需求。这就要求设计师能够用自己的产品去打动用户，发现和解决好用户的真实需求。只有这样做，才能做好电子产品设计。从而推进整个行业的发展与进步。

二、用户体验是电子产品设计的驱动力

(一)用户体验定义与分类

现今,“用户体验至上”作为设计理念,甚至一种服务观念渗透到产品设计、UI设计、商业流通及服务全程中。[①] 用户体验是指用户在使用产品或者享受服务的过程产生的生理、心理上的感受,涉及人与产品交互过程中的各个方面。用户体验是一个长期的、循环的、渐进的过程,这个过程会受到各种外界因素的影响,但是用户体验的主导还是产品在造型、功能、服务上给予用户的感受。对于消费者而言,“好的用户体验是省时、省心、省钱”。[②]

好的电子产品与设计会使得用户再次购买与使用,这就是对产品形成了忠诚度。用户体验有一个生命周期,其第一步是用户动机,即用户需要什么样的电子产品以实现何种目的;第二步,什么样的电子产品才能吸引用户;第三步,用户在使用电子产品时所产生的体验即交互体验,产品是否方便使用、易于学习,用户是否产生反馈较好的体验;第四步,用户是否满意并且愿意继续使用该电子产品,是否对产品以及提供的服务感到不再陌生;第五步,用户对该电子产品的使用习惯是否适应,对该电子产品是否有依赖情绪产生;第六步,忠诚度能否在用户身上形成,对该电子产品形成拥护并推荐给周围人。

根据马斯洛对人的需求原理分析,用户体验被分为三类,依次是:感官体验、交互用户体验、情感用户体验。

(二)用户体验的一般过程

1. 感官刺激

人们对于一件事物的认识往往是从其外表开始的。对于电子产品设计而言,外观是一个极其重要的部分。因为用户第一眼所造成的感觉往往会影响到他之后对整个产品的体验。但是,我们这里所说的感官刺激,并不单单只有视觉刺激,还包括触感、心态。如果说视觉刺激是“第一印象”,那么,触感可以被称作“第二印象”。触感的实现载体多数情况下集中于材料上。比如塑料轻盈且色彩丰富,并且有多种多样的质感,但是放在手上过轻给人廉价的感觉。金属有分量,光泽高雅,手感细腻,但是由于其比热容较低受环境温度影响严重,冬冷夏热。这说明了不同的材料一会带来不同的视觉刺激,触摸之后这种差异就更加明显。三星NOTE系列在最初的几代里都采用了塑料模拟金属,虽然形式上惟妙惟肖,但是使用过程中的脱色现象严重。这个例子刚好说明视觉和触觉的关系。在视觉上吸引用户只是一个方面,材料的特性为视觉刺激提供了支持,只有在触觉上实现二者的相对统一即“所见即所得”,才是关键。二者相辅相成不可分割,却又在营销模式上互相独

① 张爱民. 版式设计(第2版)[M]. 北京:中国轻工业出版社,2019:132.

② 唐磊. 重构新零售:后电商时代家居经销商企业转型战略[M]. 广州:广东旅游出版社,2019:56.

立。这就引出了“第三印象”——心态。这里所说的心态，是一种心理落差。在营销模式上，一分价钱不一定买到一分货，“物有所值”是用户体验的一个观念性问题。还是前面所说的塑料和金属两种材料，同样是生产一款高端手机，在同样的做工下，用户会觉得哪种材料的手机更“值”呢。再比如，小米公司的产品，价格实惠、性能中上，使得用户在还没有用到产品的时候就主观上产生了一种“物有所值”的观念。

2. 接受和学习

当用户在市场中，体会了外观、触感、心态之后，便要尝试接受新的电子产品，这个过程是 UI 设计师所掌控的。拿一款手机来说，当用户认为一款电子产品外形时尚、触感舒适、价格合理，就会考虑它好不好用。这种好不好用的思维过程，即为接受的开始。如果一款电子产品在 UI 上给予了用户良好的体验，用户认为此产品很好掌控，那么用户已经在心理上接受了它。这个过程，是一种从尝试到了解的过程。

当用户真的接受了一款电子产品之后，他们便会使用它。使用初期阶段为学习阶段。在这个阶段，人们往往会遇到很多问题。这个学习阶段不仅仅是用户体验的关键时期，而且是设计师得到用户反馈的最佳时期。

3. 髓鞘化

科学研究证明，人们之所以能够学会某种东西、产生某种习惯，是因为在进行某种行为活动的时候，大脑神经系统内产生了一种叫作髓鞘的物质。然而这种髓鞘并不是一天产生的，它是在反复地数以千次的重复活动中产生的。用户的习惯是在人机反复地交互中产生的，每个人有不同的习惯，但是每一件量产电子产品却具有统一的引导方式。

用户体验的终极目的就是培养用户的依赖性，为此必须让用户在体验中产生一种习惯，让这种习惯髓鞘化，让这种髓鞘渗透到生活方式中去。举个例子来说，在触屏手机发明以前，人们已经习惯了键盘操作，可以说“键盘解决一切问题”，如今触控屏幕已经改变了我们的交互方式。这就是新的体验在我们的大脑中髓鞘化了，让我们的生活习惯发生了改变。

4. 情感传递

情感是设计师赋予产品的，我们也可以称它为“情怀”。这种情感在用户体验中得以实现，也可以说是产品的体验成为设计师与用户之间情感共鸣的桥梁。

用户体验过程中会把自己的体会分享给别人，这种分享构成了新的用户体验群体。同时这种分享也把用户的情感传递给了第三方。情感传递不是用户体验的目的，却是设计师希望的结果。它在用户体验中起着承上启下的重要作用。

(三)用户体验对设计的驱动作用

1. 日常应用的驱动

电子产品在日常生活方式中的使用过程，是用户体验的目的，也是设计的原动力。电子产品设计的最终实现目的，是让产品充分发挥它自身的使用价值。用户体验为使用价值提供了第一手材料，这些材料对于设计的改进以及新设计的诞生来说具有重要的意义。

任天堂公司在第三代便携式游戏机的设计上，采用了先验证后推行的方法。它的第一款双屏彩色掌上游戏机，使用了圆弧倒角的设计风格，这种材料和工艺来自他们上一代明星产品，第二代便携式游戏机一经推出，便得到了性能上的认可，但在产品造型上却饱受争议，于是，紧接着任天堂修改了设计方案，采用了直线的设计风格。那之后就诞生了世界上销量最好的掌上游戏机。任天堂通过实验机型从市场中、用户体验中汲取经验和灵感，即过度了旧材料工艺，又获得了来自用户的需求经验。

现在，越来越多的企业在新产品上市之前都发售原型机。这种设备具备量产版的所有功能，同时也存在各种各样的问题。原型机的发售实际上就是用户体验的过程。用户把原型机日常使用过程中的问题反馈到各个平台之中，使得产品在量产之前得到了宝贵的用户反馈。电子产品设计不是单一的设计产品，而是一种策略的设计。用户的日常体验如何反馈到设计本身，是一个亟须解决的策略问题。设计是为了解决一些问题，产品是为了实现策略，而用户的日常应用体验，就是实现这些步骤的直接途径。

2. 情感传递的驱动

上文提到，产品实际上是设计师与用户之间的情感传递与交流。放在设计上来说，人机间的交互归根到底是跟设计师策略的交互。设计师授人以渔，这个渔便是设计师所设计的交互策略。交互策略的实现与设计师自己的情感魅力有着直接的关系。情感魅力实际上可以归化为现在流行的说法“工匠精神”。工匠们通过自己手艺里所积淀的文化底蕴，可以创造出许多精湛的工艺品。在用户体验之前便要开始思考，如何像工匠一样完全把自己的情感融入设计中去。

用户从电子产品中体验到情怀，并把它延续下去，情感的传递才算最终完成。这个类似于旧社会所谓的“传家宝”，而它传递的不是一件物品，而是一种心态。苹果公司的广告一直在向大众传递一个讯息，即使用苹果产品，生活更加美好。而反观微软 surface 的广告，则是侧重于办公体验。二者对于产品设计的情感不同，致使定位人群不同。这种差异会给予用户体验一种先入为主的观念，所以用户在体验结束后会如此想别人推荐“娱乐选苹果，商务选微软”。这样的体验出现以后反而会影响到设计师对自己设计的定位，使得设计本身带上了情感的标签。

3. 消费驱动

购买是用户体验的实现方式之一，同时购买也是设计的动力。用户单纯的体验由于没有利益的交割所以很难得到准确的反馈。而购买之后的反馈就显得尤其重要了。通过日常的观察我们可以发现，低端产品市场和高端产品市场，收到的反面反馈比较少，而中端产品是被诟病最多的。这是由于中端市场处于价格和性能平衡点，用户没有体验到价格的实惠也没有享受到高性能的优越感，自然会产生厌倦的情绪。市场定位即是用户消费体验所做出的回应。现在再来回顾下苹果公司的发展，乔布斯把自己的产品定位放在了高端市场。然而，他不只是在配置和价格上做文章，而且更加关注系统的流畅度和设备的设计水平。用户体验到高标准的电子产品，所以就会为高昂的价格买账。这就是用户的消费体验对于产品的影响。如果把这种影响扩大到设计中去，用户的消费体验就会驱动设计的定位与实践。

第三章　电子产品的设计研究

当下，电子产品日渐丰富，从各个层面深入到了人们的生活，给人们生活带来了极大的方便。在设计上，电子产品的设计也逐渐走向多元化，甚至一种产品要兼顾到各种设计方向。本章在介绍电子产品的设计流程的基础上，从电子产品在设计中的最主要的四个方面来对其设计上、功能上应该遵循和不断改进的点来进行分析。

第一节　电子产品的设计流程

一、电子产品设计的四个阶段

电子产品从研究到生产的整个过程可划分为四个阶段，即方案论证阶段、工程设计阶段、设计定型阶段和生产定型阶段，在各阶段中都存在着工艺方面的工艺规程。图 3.1 所示为电子产品工艺工作流程图。

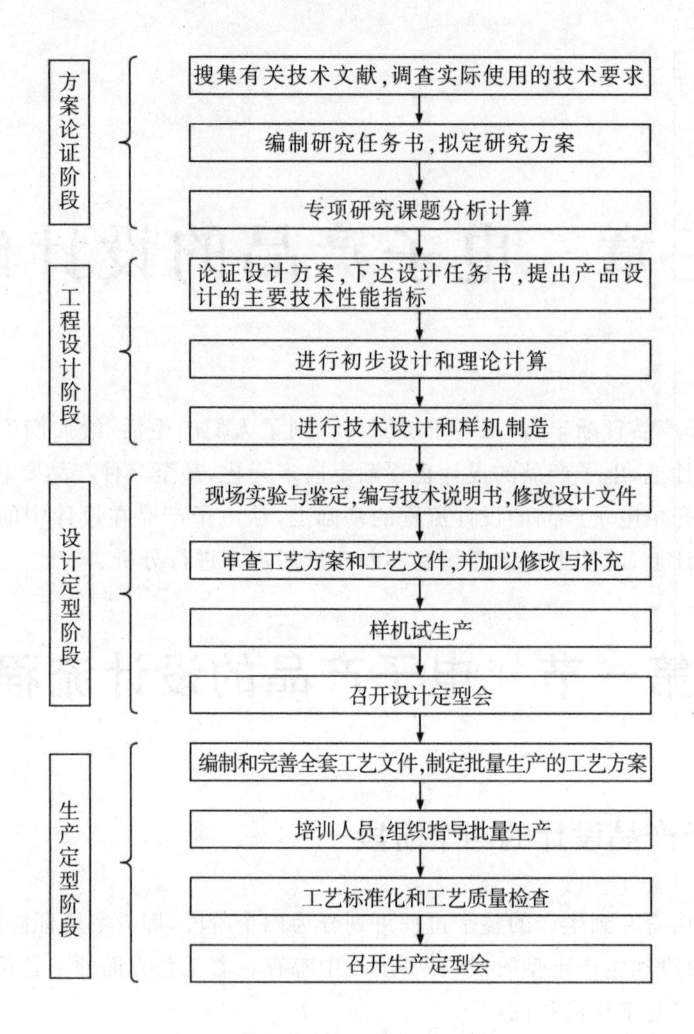

图 3.1 电子产品工艺工作流程图

二、电子产品设计各阶段的任务

1. 方案论证阶段的任务

方案论证阶段的任务是通过对新的电子产品的设计调研，在产品设计前突破复杂的关键技术课题，为确定设计任务书选择最佳设计方案；根据电子技术发展的新趋向，寻求把新技术的成果应用于产品设计的途径，有计划地掌握新线路、新结构、新工艺、新理论，以及采用新材料、新器件等，为不断在产品设计中采用新技术，创造出更高水平的新产品奠定基础。

2. 工程设计阶段的任务

工程设计阶段的任务是根据批准的研究任务书，进行电子产品全面设计。这一阶段要编制产品设计文件和必要的工艺文件，制造出样机，并通过对样机的全面试验检查鉴定产品的性能，从而肯定产品设计与关键工艺。

3. 设计定型阶段的任务

设计定型阶段的任务是对研制出的样机进行使用现场的试验和鉴定，对电子产品的主要性能作出全面的评价。这一阶段要进行工艺质量的评审、补充完善工艺文件、全面考查设计文件和技术文件的正确性，进一步稳定和改进工艺，为产品生产定型做好生产技术准备工作。

4. 生产定型阶段的工艺工作

生产定型阶段的任务是在总结产品设计定型的基础上，按照正式生产的生产类型要求，提出生产定型的各项工艺技术准备工作。

产品生产定型的标准：具备生产条件，生产工艺经过考验，生产的产品性能稳定；产品经试验后符合技术条件；具备生产与验收的各种技术文件。

第二节　电子产品的绿色设计

一、电子产品绿色设计的概念

绿色设计是当代制造业的热点。新型材料的研发和应用是回收设计的前提，完整的产品回收体系是必要条件。一般意义上，把符合关于限制在电子电器设备中使用某些有害成分的指令(简称 RoHS 指令)的产品称为绿色产品。在欧盟最早发布的 RoHS 指令中，一共列出铅、汞、镉、六价铬、多溴联苯、多溴联苯醚六种有害物质。绿色产品的概念则涵盖所有交付最终用户的产品的每一部分都能够符合 RoHS 指令的要求，即产品所使用的部件、PCBA、外壳、组装用的紧固件、外包装等都能够达到要求。对于应用电子工程师而言，“绿色设计”不仅仅意味着使用符合 RoHS 环保法规的元器件，更重要的是设计出工作稳定、性能可靠、功能强大、质量优良、经济耐用的电子产品，以减少电子垃圾和废旧电池，这需要新的“绿色设计”理念，电子设计同样需要倡导“绿色设计”。应用电子工程师在实现绿色电子设计中，离不开低功耗的电子零部件，作为电子系统的核心部件，微控制器当仁不让地成为节能先锋。未来集成电路产业和科学技术发展的驱动力是降低功耗，不再仅以提高集成度即减小特征尺寸为技术节点，而以提高器件、电路与系统的性能与功耗比作为标准。绿色智能小家电对电子控制部分 MCU 要求比较简单，不要求过强的运算能力，采用 4 位或者低端 8 位单片机即可。随着人们生活质量的提高，追求绿色环保和操作界面人性化渐成主流，即智能家电理念逐渐地成形且广为人们所接受。小家电未来一直朝着节能、智能化、多样化的方向发展。绿色环保的概念逐渐被倡导和接受，小家电也必须提高效能、节约能源。改进现有产品在环境表现方面的不足还有许多工作可做。随着科学技术的进步，新材料和技术将被应用到产品的更新换代工作中去，使对环境有害的副作用进一步降低。但是，就更长远的目标而言，还有众多的难题有待于我们去寻找更具革命性的解决方法。

二、电子产品绿色设计的特征

在电子产品的绿色设计中的各种流派尽管各有侧重点，但作为一种全新的设计思潮，它们则具有共同的特征。

（一）产品周期的全程性

绿色设计是一个整体系统化过程，它要求设计师把电子产品需求、设计、制造到销售、使用、废弃、回收、再生等作为一个整体来考虑，把产品视为与人类共存的生命体，考虑电子产品生命周期内每一个阶段与人、环境的相互影响。与传统的设计相比，其区别在于：传统的设计，只注意到了产品生命周期中的第一阶段——制造到投入使用的阶段，设计师只要完成这一阶段的任务即可。就是说设计的产品只要达到产品生产的技术要求、功能要求，以及市场定位就算圆满完成任务。而绿色设计不仅要构思产品的开发、制造使用，更要将产品的生命周期延伸到产品使用结束后的回收利用及处理的阶段。即设计师在设计构思的开始阶段就要考虑到如何降低电子产品的能源消耗，如何配置、再利用资源，以及保护生态环境等在内的有关问题。这种拓展的生命周期，便于在设计过程中从整体的角度理解和掌握与产品有关的环境问题，便于绿色设计的整个过程的优化。绿色设计涉及了产品从“生”到“死”，再从“死”到“重生”的整个循环周期，具有全程性的特征。

（二）人与环境的亲和性

保护人类生态环境、维护人的身体健康、促进人类与自然间的亲和力是绿色设计的核心理念及行为。[①] 就是说，设计师在设计中既要注重产品技术、外观造型、使用功能、成本价格等因素，又要遵循节约资源、保护环境的宗旨，要充分考虑人类与生态环境相互依存、共同发展的关系。如汽车的绿色设计，备受设计师们的关注。在不少国家和地区，交通工具不仅是空气和噪声污染的主要来源，并且消耗了大量宝贵的能源和资源。而新技术、新能源和新工艺的不断出现，为设计出对环境友善的汽车开辟了广阔前景。许多工业设计师在这方面进行了积极的探索，在努力解决环境问题的同时，也创造了新颖独特的产品形象。减少污染排放是汽车绿色设计的关键。以技术而言，减少尾气污染的方法主要有两个方面，一是提高效率从而减少排污量；二是采用新的清洁能源。另外，还需要从外观造型上加强整体性，减少风阻。美国通用汽车公司的 EV1 是最早的电动汽车，它采用全铝合金结构，流线造型，一次充电可行驶 112km～114km，成为世界上节能效果最好的汽车。因此，绿色设计不仅成了个电子企业塑造完美企业形象的一种公关策略，也迎合了消费者日益增强的环保意识，增加人与环境的亲和力。

---

① 唐济川，郑艳．艺术设计学导论[M]．北京：中国轻工业出版社，2019：128.

(三)产品价值的创新性

绿色设计理念还意味着对产品价值估算体系的打破。传统设计方法主要注重产品的直接使用价值或显价值,如一套家具,是否符合居家使用,造型是否美观,价格定位及利润等表面价值。而绿色设计则要兼顾产品的自身价值和环境价值,将所有因素作为一个整体来权衡产品的价值问题。就是说,绿色产品除了有显价值外,还具有深层的潜价值。如绿色产品对人的身心健康所带来的益处是难以用金钱衡量的:绿色设计减少了因有害物质的排放对人类及环境造成的侵害与污染,减少了物质和能源的肆意消耗,其利在千秋,功在未来。这种潜在价值的效能是巨大的,甚至是无法估量的。总之,绿色设计是在生态哲学的指导下,运用生态思维,将"电子物"的设计纳入"人——机——环境"的大系统中,既考虑满足人的需求,又注重环境的保护与可持续发展原则;既要实现社会价值,又要保护人类长远利益,以促进人与自然共同繁荣。

三、电子产品绿色设计的方法

(一)模块化设计

模块化设计是在对一定范围内的不同功能或相同功能不同性能、不同规格的产品功能分析的基础上,划分并设计出一系列功能模块,通过模块的选择和组合可以构成不同的产品,以满足市场不同需求的设计方法。[①] 模块化设计既可很好地解决产品品种规格、产品设计制造周期和生产成本之间的矛盾,又可为产品快速更新换代,提高产品的质量,方便维修,有利于产品废弃后的拆卸、回收,为增强产品的竞争力提供必要条件。

(二)循环设计

循环设计,即回收设计(Design for Recovering&Recycling),是实现广义回收所采用的手段或方法。在产品设计时,充分考虑产品零部件及材料的回收的可能性、回收价值的大小、回收处理方法、回收处理结构工艺性等与回收有关的一系列问题,以达到零部件及材料资源和能源的充分有效利用,环境污染最小的一种设计的思想和方法。

(三)组合化设计

设计时应尽可能将各独立电路设计成相对独立的部件,并使各部件都能较为方便地连接与分离。这样可简化整个产品的设计,使产品的整机结构部件化,使可重复使用或便于回收的功能部分具有电路结构上的独立性,从而便于整机产品的维修、回收或重复使用。

---

① 张德发,刘加海. 电子产品设计概论[M]. 北京:海洋出版社,2015:81.

(四)可拆卸性设计

在产品设计阶段要充分考虑产品废弃后能否方便地拆卸、回收、再利用。为便于拆卸,电子产品在整机设计时,就要从结构上考虑拆卸的难易程度,提出相应的设计目标结构方案。

(五)易维修设计

容易通过适当的维修使产品恢复功能,从而延长产品的寿命,实现节能、省料、无废少废的可持续发展目标。为了便于维修,除产品整机结构要采用可拆卸性设计外,各独立部件内部也要尽可能设计成可维修的。除此之外,还有绿色包装设计等。

四、电子产品绿色设计的评价标准

为了评定电子产品的绿色程度,应该建立一个完整的绿色度评价指标体系,它与电子产品的类别和具体的产品独立,具有普遍适用性。绿色评价指标体系对正确评价绿色产品,系统地组织和开展绿色设计与制造工作都具有重要的意义。产品类别的不同,例如,电子产品和机电产品,它们的功能、制造特性、使用的材料等特性各不相同,可以从技术、经济和环境的角度进行绿色评价。对于一个产品,绿色特性可以体现在原材料的减少、能耗的降低对人的健康无危害等方面。任何问题的评价都要遵循一定的原则,例如,系统性和科学性,数据可获得性和可操作性等。在绿色度评价体系和指标的制定时,要考虑以下原则:

1. 全过程原则

在产品的全生命周期中涉及的各种影响都要有相应的指标来描述和表达。

2. 系统性和科学性原则

指标覆盖的内容包括环境影响、资源消耗、能源消耗、技术、经济和市场。

3. 定量指标和定性指标相结合

应尽量使指标能够量化。对指标不易量化,但又十分重要的项目,亦可采用定性的描述。

4. 可获得性和可操作性原则

评价指标应该具有明确的含义,数据可以方便地获得;指标之间应相互独立,便于评价的进行。

除了原则的考虑,评价体系和指标分为四层:属性层、特性层、项目层和指标层。属性层是把绿色度所涉及的问题或领域进行大的分类,特性层是某一个属性所包含的特性,项目层是每一个特性的评价内容,指标层是评定一个项目时所采用的具体指标。

属性层分为六个属性,各个属性层的含义如下:

1. 环境属性

对生态、环境的破坏和对人的健康影响。环境属性一般分为以下几种:大气污染,水体污染,固体废物和噪声污染。

2. 资源属性

消耗资源的种类、利用率等。消耗金属、塑料等材料的种类是可再生资源还是不可再生资源,还有材料利用率、回收率以及木材、水的用量和利用率。

3. 能源属性

能源的种类,消耗、利用率等。能源的种类是化石类能源还是使用清洁能源,如风能、太阳能、潮汐能和水能等。再生能源的使用比例、能源消耗量和利用率等。虽然能源是资源的一种,但实际中常常把它作为一个独立的统计量,因此,把它与资源属性分开。

4. 技术属性

与技术相关的所有特性的集合。有功能特性、可制造特性、使用特性、回收和重用特性等。功能特性主要描述产品的主要功能及其相关的性能参数。根据不同的产品的功能和相关的性能参数来选定指标。可制造性描述产品制造阶段的技术特性,如切削性能、热处理性能、成型性能等。使用特性包括可靠性、安全性、维护性等。回收和重用特性包括拆卸性,再制造特性等。

5. 经济属性

与成本和费用相关的特性。可以分为企业成本、用户成本和社会成本。企业成本有设计开发成本、材料成本、制造成本、人力成本、管理成本等;用户成本有购置费、使用中的能源和材料费用、维修费、处置费用等;社会成本有生态环境治理费用、为健康所付费用、废弃物处理费用等。

6. 市场属性

与市场相关的特性。产品目标市场和细分市场的绿色认知度高低、在价格上,产品的绝对价格和相对价格如何、产品的价格弹性如何以及消费者购买该产品的决策要素是什么等。

在上面的评价指标中有很多是用语言表述的,也就是说既有定量指标又有定性的指标,这是一个复杂系统的评价。因此绿色度评价方法应该是一种能将定性分析和定量分析相结合,将人的主观判断用数量形式表达和处理的系统分析方法。绿色度评价方法常常以层次分析法(The Analytic Hierarchy Process,AHP)作为基本评价基础,结合采用了专家小组讨论、问卷调查、回归分析、加权平均法、模糊评价等方法。

五、电子产品绿色设计实例

减少环境污染和节省自然资源是绿色产品设计的根本目标。合理的再生方法会产生巨大的经济和社会效益。然而,目前废弃产品的再生率并不理想。以汽车为例,目前全球的平均再生率在75%～80%之间,大大低于应达到的目标。造成再生困难的原因,一是缺少更有效的再生技术,二是产品的设计没有考虑其废弃后的回收和再生,比如产品很难拆卸和分类,在产品废弃时很难找到使用材料的资料,不同材料构成的组件不宜分离等。如果能够在设计时同时考虑回收和再生,那么就可以极大地提高废弃产品的再生率,这样就产生了面向再生的设计方法。

(一)没有扇叶的电风扇

从电扇发明以来,我们的电扇,不管是吊顶的还是落地式的,都是通过电动机的转子带动风叶旋转来推动空气流通的。电机带动扇叶工作,电能利用率低,噪声大,给人们的工作带来一定影响。高速旋转中的风扇扇叶锋利无比,容易造成伤害,尤其是落地扇,若是大人照看不周,小孩误把手伸进电扇,后果不堪设想。因此,设计师设计了一款没有扇叶的风扇,这款风扇,从功能上改变了传统电扇的工作原理,用基座吸入空气,然后把空气导进圆环,从环上的 1.33mm 缝口喷出,空气强力喷出,带动周围的空气,平均每秒产生 0.405m^3、时速 35km/h 的凉风。风力可以随时调整,吹出的风比传统电扇更柔顺。传统风扇的风随着扇叶的旋转向四面八方散开去,而这款风扇的风则全部由圆形出风口传出,风力集中,带来的凉爽感受更加持久。并且,使用者可以调节风扇的角度,方便用户选择自己需要的风力方向。这款风扇外观简洁大方,整体体积分布均匀,不像普通电扇那样前凸后翘,摆放时占用空间大,只要随意摆放在平坦的地方就可以使用。其最大的特点是没有扇叶,杜绝了扇叶对人体的伤害,即使家长不在身边,也可以放心给小孩用电扇。没有了扇叶,不仅安全,而且方便清洗,只要擦拭即可。同时这款风扇造型大方时尚,即使夏季已过,也可作为装饰摆放于屋内,增加屋内的时尚感,而传统风扇一般过季节还放在屋内显得与周围环境格格不入。随着生活节奏的加快与全球温室效应的加剧,炎热夏季,越来越多的人整日待在密闭的空调房内,很少出门呼吸新鲜空气,越来越多的人患上空调病,长此以往,将给身体健康带来很大危害。这款无叶风扇吹出的风更加自然,给人带去很好的凉爽体验,而且噪声小很多,不会打扰工作中的人。如此高科技的产品,操作与传统风扇一样简单方便,用户一看到实物就会使用,而且按钮少,按钮上的标识符合人们日常认知,简单的操作给使用者带来愉悦的使用体验,很好地满足了工业设计中可用性要求。综上所述,这款风扇实现了电子产品绿色设计的基本目标,也实现了绿色目标,即资源利用率高、生态环境影响小、产品使用安全,由于体积小,占用空间小,而且不需要任何化学添加剂,不会对环境产生有危害的废弃物及气体。

(二)纸质 U 盘设计

俄罗斯设计工作室 artlebedev 经常把一些信息数字元素,例如手动光标、电脑桌面文件图标或是像素化图像转化成真正的产品。有一种一次性使用的 U 盘“flashkus”,这种 U 盘是用硬纸板材料制作的,一套有 4 个。使用者可以简单地将它们撕下、分离,以便单个使用。纸质的表面方便使用者在 U 盘上标记符号或名称,用来指示这个 U 盘中储存的文件内容。这套纸板 U 盘有 4GB、8GB 和 16GB 三种不同容量。对于纸料的选择可以是废旧报纸,纸张等经过加工后用来制作 U 盘的主体,实现废物利用,环保简约。不同容量的产品也给消费者更多样的选择,简单的连接方式让消费者更方便地使用。选用纸料作为 U 盘主体的另外一个原因是能方便地标记、分类。有别于以前样式单一的 U 盘,纸制 U 盘更加体现个性,不至于忘记存在 U 盘里的内容,还可以在上面绘出自己的个性图案。

报废后的纸制 U 盘，能更方便地处理与销毁，不至于对环境产生大的污染。

第三节　电子产品的造型设计

一、产品的造型演变

自从人类社会产生以来，人类所需要的各种用具的形态随着生产力的不断发展而不断改变着。在这漫长的演变过程中，人类所创造的产品可分为四种形态：原始形态、模仿的自然形态、概括的自然形态、抽象几何形态。

（一）原始形态

原始形态是人类初期各种用具的造型。由于当时生产力低下，加上人类对事物认识的肤浅，其用具的造型只是简单地以达到功能目的为依据，毫无装饰的成分。

（二）模仿自然形态的造型

随着生产力的发展，人们对自然界认识的深化，生产工艺的进展及表现手法的丰富，简单的原始形态已不能满足人们使用和欣赏的需要。因此，人们在不断改进物质功能的前提下，用各种手段将自然界中种种美的形象设法固定下来，装饰在器物上：或者直接模仿自然界的花、草，鸟、兽等形态。[①] 这些产品，不仅具有较之以前更完善的物质功能，而且拥有原始形态所缺乏的精神功能。这类形态的产品，往往由于其物质功能、使用功能与造型形式无法达到很好的统一，因而使得产品的形式与内容严重脱离，甚至相对立，失去内容与形式的统一美。其次由于造型注重于非特征的具体的细节，因而造型琐碎、零乱，不具备现代人们审美所需求的简洁、有力和明朗，使人产生陈旧感和落后感。这类产品因造型烦琐，不能很好地适应现代工业生产工艺的要求。

（三）概括自然形态的造型

经过漫长的历史进程，在对事物本质理解的基础上，人类有了一定的概括能力。人们的思维已不满足只停留在各种事物的表面形态上，而需要进一步向纵深发展，并引起更广泛的联想。于是，在造型艺术上，就出现了对自然形态加以概括的造型。这一种形态，摆脱了某种自然形态的具体形象的束缚，在抓住事物本质的基础上保留了美的因素。而对次要的、不美的部分进行了适当改造和变形，使造型既保留自然形态中的优美部分，又使人的思维摆脱具体的自然形态的束缚，可以在更广阔的天地中驰骋，从而使思维得到了延

---

① 凌雁．产品创新设计思维与表达[M]．长春：吉林美术出版社，2019：215.

伸。具有这种形态造型的产品，如各种花瓶、灯具等日用品，它们基本上以自然形态为基础，对烦琐的细节及次要部位进行了概括，使造型趋向简洁，同时也适应了现代工业生产的特点。较之前述形态的产品，它具有一定的先进性，是目前市场上日用品造型的常见形态。但是，由于造型仍然未能摆脱自然形态的束缚，有时难免仍存在着物质功能、使用功能与形式相互矛盾的现象。形式与内容的勉强结合，削弱了内容与形式的统一美。

（四）抽象几何形态的造型

抽象的几何形态是在基本几何体（如长方体、球、棱锥、棱柱、圆柱、圆锥等）的基础上进行组合或切制而产生的。[①] 基本几何体具有确定性，因此，组成的立体形态就具有简洁、准确、肯定的特点。又由于任何简单的、易于辨认的几何形体都具有一种必然的统一性，因此，组合后的立体形态在整体上就易取得统一和协调。几何形态具有含蓄的，难以用语言准确描述的情感与意义，能较好地达到内容与形式的统一。一般精巧的电子产品造型是以此为基础来设计的。

二、电子产品造型设计的原则

综观人类的设计史，但凡流芳百世的经典设计，其造型处理不外乎要实现以下目标：

（一）造型设计有效引导使用与操作

在造型设计中，电子产品设计师应该认识到：优秀的界面及操作系统应该是简单、安全，易于识读、引导操作的，更深层次还要使人在操作过程中产生乐趣，这就要求设计师对人的动作、行为习惯进行研究，使产品的操作界面和操作形式与人的行为及认知习惯相呼应。为了追求网络世界界面设计的人性化，word 文字处理系统在设计时，特地设置了个性鲜明的动画人物，这种符号带给枯燥的文字录入工作无限的趣味。在这里设计中的关注点是人们正确的操作行为习惯和操作直觉习惯。这两种习惯可以减少人们在操作之前判断的时间，习惯操作往往是因为被操作的物体或图表符号具有某种能被人自然觉察到的一些具有与人的下意识的经验相符合的实质上的特质，既包括物理上的，也包括心理上的，通俗点说就是让使用者更容易理解，更容易操作。

（二）造型设计符合生态效应

首先，应该注意合理有效地利用材料的各种有形或无形的“造型特征”。要知道，材料在产品设计中所传达的信息内容是多种多样的，设计师应该学习掌握同材料的“表情”和“性格”。由于材料质感、表面处理、色彩的不同而带来的对消费者的操作行为的影响是直接的。在人类过度开发资源的今天，设计师在使用材料传达相关符号语言时，更应关注对环境的保护，对人类未来生存状态的关注。在设计产品、选择评价材料时，一定要注重产

---

① 凌雁．产品创新设计思维与表达[M]．长春：吉林美术出版社，2019：216.

品报废的回收状况。其次，电子产品的造型设计更应该注重推量生产的技术要求，并且简化生产程序，降低生产成本，这是更为宏观的生态设计意识。当代设计研究的前沿领域之一就是关注深层次的“绿色设计”。许多优秀设计正是从这一点出发，秉承物尽其用、材尽其能的观念与原则得出的。

(三)造型设计表现产品的文化属性

当代电子产品的造型设计的文化属性包含两方面：一方面，在全球经济一体化的世界市场竞争体系内。设计需要迎合时尚审美的价值取向，刺激消费，积极参与国际市场竞争；另一方面，产品设计中地域社会文化的符号传达又是设计师面临的一个严峻的主体身份确认的挑战。众所周知，当今世界正经历着政治经济一体化的重大变革，市场全球化导致了产品设计的国际化趋势，地球村的概念已经深入人心，网络使空间距离失去了意义。在这个大的背景下，如何保护人类不同的文化资源，如何在产品设计中体现地域社会文化特征，如何在互联网络上烙上民族文化的符号印记，已成为信息时代工业设计一个共同关注的课题。在体现国际化、全球化观念的基础上，进行民族文化的开发，要求设计师对本民族文化有一个全面而深刻的了解，其使用的民族文化符号语言应深刻而有内涵，切实体现本民族的内在精神与文化，而不能停留在简单的符号运用上，像国内许多建筑为了追求民族风格而单纯地加个大屋顶的做法是不可取的。在设计中，我们不能就事论事，而应不断地汲取社会科学的各种知识。无论是哲学，人类学、心理学……都应有所接触，以积淀较为扎实的文化基础。这样的设计师才可能在设计实践中作出具有民族文化底蕴的设计。

(四)造型设计与产品的机能原理有机结合

电子产品设计与产品机能原理的有机结合是造型研究的中心环节，它直接体现出当代设计的差异化特性。追求商品造型和产品材料、零件使用上的变化，是设计上追求差异化的一条重要途径，在追求个性解放的现代社会，人们的消费生存方式更加多元化，设计思潮也随之走向多样化。设计师正力图创造更为丰富的产品造型来满足消费者的个性化需求，引导消费者正确的视觉认知。综上所述，优秀的产品造型创造方法应该在基础上满足基本需要，在形式上满足美学需要，在功能上满足实际需要，在文化上能满足身份认同，并且便于维护和变更。

三、电子产品造型设计的美

电子产品的美有两个显著的特征，一个是产品外在的感性形式所呈现的美，称为“形式美”，另一个是产品内在结构的和谐、秩序所呈现的美，称为“技术美”。电子产品设计中形式美主要由产品的造型来表达，造型是形态美、结构美、材质美、工艺美的综合体现。形式美是指构成事物的外在属性(如形、色、质等)及其组合关系所呈现出来的审美特性，它是人类在长期的劳动中所形成的审美意识。形式美的法则有统一与变化、对比与调整、比例与尺度、对称与均衡、稳定与轻巧、节奏与韵律等。[①]

(一)电子产品的造型美

电子产品的形式美的法则，主要研究产品形式美与人的审美之间的关系，以美学的基本法则为工具来揭示产品造型形式美的发展规律，满足人们对产品审美的需求。事物的美往往也反映着事物的发展规律，人类在长期的社会实践中对事物复杂的形态进行分析研究，总结出形式美的基本法则，对形式美的研究，有利于人们认识美、欣赏美和创造美。

1. 统一与变化

统一是指组成事物整体的各个部分之间，具有呼应、关联、秩序和规律性，形成一种一致的或具有一致趋势的规律。在造型艺术中，统一起到治乱、治杂的作用，增加艺术的条理性，体现出秩序、和谐、整体的美感。但是，过分的统一又会使造型显得刻板单调，缺乏艺术的视觉张力。变化即事物各部分之间的相互矛盾、相互对立的关系，使事物内部产生一定的差异性，产生活跃、运动、新异的感觉。变化是视觉张力的源泉，能在单纯呆滞的状态中重新唤起新鲜活泼的韵味。但是，变化又受一定规则的制约，过度的变化会导致造型零乱琐碎，引起精神上的动荡，给视觉造成不稳定和不统一感。统一中求变化，产品显得稳重而丰富；变化中求统一，产品显得丰富而不紊乱。统一与变化是事物矛盾的对立面，其相互对立、相互依赖，构成了万事万物的不同形态。统一与变化反映了事物发展的普遍规律，统一是主流，变化是动力，这也是衡量造型艺术形式美的重要法则。

2. 比例与尺度

美是各部分的适当比例，再加上一种悦目的颜色。比例是指事物中整体与局部或局部与局部之间的大小、长短、高低、分量的比较关系，在电子产品造型设计中，比例主要表现为造型的长、宽、高之间的和谐关系。

黄金分割比是造型设计中很重要的一个衡量标准，黄金分割比即 1∶0.618，是公认的一种美的比例法则，造型设计中的尺度，主要指产品与人在尺寸上的协调关系。产品是供人使用的，尺寸大小要适合人的操作使用。任何一个完美的产品造型都必须具备协调的比例尺度。在产品造型中常用的比率有整数比、相加级数比、相差级数比、等比级数比、黄金比等。电子产品的设计的形式美法则，不能孤立和片面地理解，因为一个美的产品造型的设计，往往要综合利用多种法则来表现。这些法则是相互依赖、相互渗透、相互穿插、互相重叠、相互促进的，随着时代的变化，审美标准、设计手法也在不断改变。

3. 对比与调和

对比即事物内部各要素之间相互对立、对抗的一种关系，对比可产生丰富的变化，使事物的个性更加鲜明。对比是差异性的强调。[②] 对比的因素存在于相同或相异的性质之间。也就是把相对的两要素互相比较之下，产生大小、明暗、黑白、强弱、粗细、疏密、高低、远近、动静、轻重等对比。对比的最基本要素是显示主从关系和统一变化的效果。调和是

---

① 薛澄岐．工业设计基础(第 3 版)[M]．南京：东南大学出版社，2018：11.

② 熊杨婷，赵璧，魏文静．产品设计原理与方法[M]．合肥：合肥工业大学出版社，2017：47.

指将事物内部具有差异性的形态进行调整，使之整体和谐，形成具有同一因素的关系。[①]调和是适合、舒适、安定、统一，是近似性的强调，使两者或两者以上的要素相互具有共性。对比与调和是相辅相成的。在版面构成中，一般事例版面宜调和，局部版面宜对比。对比与调和反映了事物内部发展的两种状态，有对比才有事物的个别形象，有调和才有某种相同特征的类别。对比是变化之根，调和是统一之源。

1. 线型的对比与调和

线型是造型中最有表现力的形式，主要有曲直、粗细、平斜、疏密、连断等。

2. 形体的对比与调和

形体的对比与调和主要表现在形状的大小、粗细、长短、曲直、高矮、凹凸、宽窄、厚薄，方向的垂直、水平、倾斜，数量的多少，排列的疏密，位置的上下、左右、高低、远近，形态的虚实、黑白、轻重、动静、隐现、软硬等多方面的对立因素上。在追求形态丰富的同时，还要强化形态的主次关系，突出对比时要注意它的调和，强调调和时要辅以少量对比，使之形成对立统一的关系。例如矩形、圆形、三角形之间相互运用可产生丰富的对比与调和的关系。

3. 色彩的对比与调和

人一般对色彩的认识有两个方面：一是色彩物理性质上的感受，二是色彩心理上的感受，两种感受所产生的对比与调和主要是通过色彩的相貌、明度、纯度、冷暖等关系表达出来的。在电子产品设计中，对比与调和应用极广，如在大小、方向、虚实、高低、宽窄、长短、凹凸、曲直、多少、厚薄、动静以及奇数与偶数的对比。对比是产品取得视觉特征的途径，调和是产品完整统一的保证。

4. 形式美的其他法则

(1)对称与均衡。

对称即生物体自身结构的一种合乎规律的存在方式。对称具有稳定的形式美感，同时也体现着功能的美感。

(2)稳定与轻巧。

稳定包含两个方面因素：一是物理上的稳定，是指实际物体的重心符合稳定条件所达到的安定，是任何一件工业产品所必须具备的基本条件。属于工程研究的范畴；二是视觉上的稳定，即视觉感受产生的效应，主要通过形式语言来体现，如点、线、面的组织、色彩、图案的搭配关系和材料的运用等，以求视觉上的稳定，属于美学范畴。轻巧是指在稳定基础上赋予形式活泼运动的形式感，与稳定形成对比。需要注意的是，轻巧在基本满足实际稳定的前提下，可以用艺术创造的手法，使造型物给人以灵巧、轻盈的美感。如果说稳定具有庄严、稳重、豪壮的美感，那么轻巧具有灵活、运动、开放的美感。

(3)过渡与呼应。

过渡是指在造型物的两个不同形状或色彩之间，采用一种既联系二者又逐渐演变的

---

① 熊杨婷，赵璧，魏文静．产品设计原理与方法[M]．合肥：合肥工业大学出版社，2017:47.

形式，使它们之间相互协调，达到和谐的造型效果。[①] 过渡的程度不同会产生不同的效果，如果形体与形体的过渡幅度过大，则形体会产生模糊、柔和、不确定的特征；如果过渡的幅度不足则会出现生硬、肯定、清晰的特征，过渡是呼应的前提，呼应为过渡的结果。它们相互影响、互为关系，仅有过渡没有呼应使形体不完善，没有过渡则呼应缺乏根据，过渡与呼应即为统一与变化的关系。

(4)“主”与“从”。

“主”即主体部位或主要功能部位，对产品设计来说，是表现的重点部分，是人的视觉中心。“从”是非主要功能部位，是局部、次要的部分。在工业设计中，主从关系非常密切，若没有重点，则显得平淡，若没有“从”也不能强调突出重点。一般来说，产品的视觉中心往往不止一个，但必须有主次之分。主要的视觉中心必须最突出，最有吸引力，而且只能有一个，其余为辅助的、次要的视觉中心。

(二)电子产品的技术美

与形式美法则相呼应，电子产品设计中技术美的要求也是十分重要的。技术美的要求包括功能、结构、工艺、材质等，技术美是科学技术与美学艺术相融合的新的物化形态。技术美是物质生产领域的直接产物，反映的是物的社会现象，艺术美是精神生产领域的直接产物，反映的是人的社会现象。

1. 功能美

功能美是指产品良好的技术性能所体现的合理性，是科学技术高速发展对产品造型设计的要求。技术上的良好性能是构成产品功能的必要条件。

2. 结构美

结构美是产品依据一定原理而组成的具有审美价值的结构系统。结构是保证产品物质功能的手段，材料是实现产品结构的基础。同一功能要求的产品可以设计成多种结构形式，若选用不同的材料其结构形式也可产生多种变化。结构形式是构成产品外观形态的依据，结构尺寸是满足人们使用要求的基础。

3. 工艺美

工艺美是指产品通过加工制造和表面涂饰等工艺手段所体现的表面审美特性。工艺美的获得主要是依靠制造工艺和面饰工艺两种手段。制造工艺主要通过机械精密加工后所表露出的加工痕迹和特征。装饰工艺通过涂料装饰或电化学处理以提高产品的机械性能和审美情趣。

4. 材质美

材质美指的是选取天然材料或通过人为加工所获得的具有审美价值的表面纹理，它的具体表现形式就是质感美。质感按人的感知特性可分为触觉质感和视觉质感两类。触觉质感是通过人体接触而产生的一种舒适的或厌恶的感觉。视觉质感是基于触觉体验的积累，凭视觉就可以判断它的质感而不需要再直接接触。

---

① 赵得成，李力，谌凤莲．产品造型设计——从素质到技能[M]．北京：海洋出版社，2016：44.

形态作为手机功能信息的主要载体，以一种主动的情感张扬趋势感染着消费者，形态美是传达美的意象的第一要素。手机形态主要通过手机的尺寸、形状、比例分割、层次关系及细节表现等因素的协调，给用户以美的心理感受。例如：对称的手机形态易让人产生均衡、稳定的美感，而手机造型中特异的构成往往给人以强烈的视觉冲击，让人产生前卫、新奇的美感；圆润的手机形态能显示包容，给人以完满、活泼的意象美；自由曲线的手机形态创造动态造型，营造出热烈、自然、亲切的气氛，创造出富有韵律的美。

第四节　电子产品的交互设计

一、交互设计的概述

(一)交互设计的定义

交互设计是人、产品、环境三者相互间的系统行为。它从用户需求的角度出发，致力于研发易用性的产品设计，给用户带来愉悦的使用体验。广义上来说，交互设计涉及两方面的内容，首先是用恰当的方式规划和描述上述三个设计对象的行为方式，然后是用最合适的形式来表达这种行为方式。[①] 电子产品的交互设计是指设计人和产品或服务互动的一种机制，要以用户体验为基础。在交互设计中，用户与产品的交互操作过程不宜太深，否则用户会在一层一层挖掘后，感觉焦躁，同时也容易迷失。交互设计的目的是通过对产品的界面和行为的交互设计，让产品和使用者之间建立一种有机关系，从而可以有效达到使用者的目标。

(二)交互设计的目的

交互设计是随着计算机技术的发展而兴起的。作为20世纪最伟大的发明之一，计算机已经成为人们日常生活中必不可少的辅助工具和伙伴。如果说计算机在出现之初，作为一种专业的设备，只有受过专业训练的编程人员才能操作的话，那么发展到现在，我们已经进入了一种“泛计算机化”的时代。计算机芯片已经被植入人们日常生活中各种家电产品中，这就导致所有人都将成为计算机的终端用户。如何让没有任何专业知识的使用者都能够无障碍地操作机器成为一个必须要解决的课题。此时，交互设计应运而生，它源于人机工程学又超越人机工程学的范畴，逐渐形成了自己的专业特点和技术体系。

(三)交互设计的实现法

交互设计要解决如下几个问题：第一，要先期定义产品的行为方式，这种行为方式必

① 白仁飞．产品设计——创意与方法[M]．北京：国防工业出版社，2016：13．

须是为用户所理解，且要有良好的易用性；第二，要有个性鲜明的界面设计来演绎产品背后的行为方式，并用用户可理解的方式进行表达；第三，掺入情感化元素，让用户在使用产品的时候能够得到心理和情感上最大限度的满足：第四，不断探索交互设计的新领域和新方式，把交互设计看作是连接人与产品、社会，甚至历史文化的纽带。总之，交互设计自产生至今，其内涵和外延不断向前发展。它在结合不同学科专业的同时正展现出越来越多元的面貌。而且人的体验和需求是不断变化的，没有一成不变的交互方式，只有以发展的眼光来看待一个专业的变迁，才能够准确预见到产品未来的发展趋势。比如早年微软推出的基于其"Surface Computing"技术的电子茶几设计，这个没有鼠标和键盘的平台完全靠触摸，就能轻松地实现各种不同项目的操作，如网页浏览、分享照片、电子签名等。其本质是一台具有较大显示屏的电脑，靠触摸技术来实现常规的操作。这种屏幕表面触摸技术已经越来越多地应用到了人们的生活中，如现在广为流行的大屏幕触摸手机，就使这种新型的人机交互方式为普通大众所熟悉，并逐渐延伸到其他电子产品中去。

二、电子产品交互设计的原则

从用户角度来说，交互设计是一种让产品更易用，让用户更愉悦的产品设计。它致力于了解目标用户以及他们的期望，了解用户在同产品交互时彼此的行为，了解用户心理和行为特点。

在电子产品交互设计中的一些通用原则如下。

1. 就近原则

将同一类的功能都组织放在页面相同模块中，体现整体美学感，意味着信息经过良好的组织并且和视图设计一致。一般设计成把功能类似的操作设计在相同的模块中。

2. 容错原则

必须允许用户犯错，给予用户后悔的机会。提供充分的容错性以鼓励用户使用程序的各种功能——也就是说，一大部分的操作都是很容易恢复的。

3. 帮助原则

为用户提供适量的帮助，必须使用用户语言，不迷惑用户。

4. 习惯原则

设计及功能尽量贴近用户的操作习惯，避免用户思考。用户界面应该基于用户的心里的模型，而不是基于实现模型。例如我们可以结合眼动仪，了解用户在查看某个界面过程中的视觉扫描路径，某些特点兴趣区被注视的次数，以及不同兴趣区间的注意的分配和转移来研究用户的操作习惯。

5. 响应原则

每次用户操作后，都需要给用户一个响应反馈，否则用户将不清楚自己的操作是否有效，从而重复操作，给产品甚至用户带来伤害。反馈和交互意味着通过合适的反馈以及和程序之间的交互从而让用户时刻知道现在发生了什么，而不仅仅是当事情出错时显示一个警告。

6. 精简原则

设计者需要常常扪心自问：是否做出很多用户不需要的东西？有时候，决定不要什么，比决定要做什么更重要。美国科学家研究发现，大脑会“优待”较常用的记忆内容和操作形式，有意抑制那些相似但不常用的内容，以便减轻认知负担，防止混淆。从某种程度上来说，习惯就是一种“熟知记忆”。可以不出现的内容尽量不出现，即使需要出现也要用最简洁的方式出现，做到简洁清晰，自然易懂。

三、电子产品交互设计的主要内容

1. 数据交互

数据交互是人通过输入数据的方式与计算机进行交流的一种方式，它是人机交互的重要内容之一。[①] 其一般的交互过程是：首先，由系统向操作者发出提示，提示用户输入及如何输入，接着用户将数据输入计算机。然后，系统响应用户输入，给出反馈信息。同时，系统对用户输入进行检查，如有错误向用户指出，让用户重新输入。不同的数据输入形式也决定了数据交互的不同方式。这里的数据，可以是各种信息符号，例如数字、符号、色彩以及图形等。

2. 图像交互

科学研究表明，人类从外界获得的信息有80%来自视觉系统，也就是从图像中获得。所以，对于图像交互的研究和探讨是交互设计中的重要内容之一，其对于产品设计的创新也有引导作用。图像交互的应用领域广泛，如人脸图像的识别、手写交互界面、数字墨水等。图像交互，简单地说就是计算机根据人的行为，去理解图像，然后作出反应。在这里，让计算机具备视觉感知能力是首要解决的问题。

3. 语音交互

语音一直被公认为是最自然流畅、方便快捷的信息交流方式，在人们的日常生活中，沟通大约有75%是通过语音完成的。[②] 研究表明，听觉通道存在许多优越性，如听觉信号检测速度快于视觉信号检测速度。因此，听觉通道是人与计算机等信息设备进行交互的最重要的信息通道。语音交互就是研究人们如何通过自然的语音或机器合成的语音同计算机进行交互的技术。它涉及多学科的交叉，如语言学、心理学、人机工程学和计算机技术等，同时对于未来语音交互产品的开发和设计也有前瞻式的引导作用。[③]

4. 行为交互

人们在相互交流过程中，除了使用语音交互外，还经常借助于身体语言，即通过身体的姿态和动作来表达意思，这就是所谓的人体行为交互。人体行为交互不仅能够加强语言的表达能力，有时还能起到语音交互所起不到的作用。人机的行为交互是计算机通过

---

① 张峰．产品设计基础解析[M]．北京：中国时代经济出版社，2018：59.

② 张峰．产品设计基础解析[M]．北京：中国时代经济出版社，2018：59.

③ 寇树芳．工业设计概论[M]．北京：冶金工业出版社，2015：205.

定位和识别人，跟踪人的肢体运用、表情特征，从而理解人的动作和行为，并给出相应地反馈的过程。

四、电子产品交互设计的实例

我们以现在人们最离不开的手机来进行电子产品交互设计的例子分析。首先是对于人机交互来说，我们平时接触最多的就是手机了，现在手机对于我们来说是必不可少的，甚至是从不离身的。

(一)信息展现

在手机上浏览信息，存在着太多的局限，手机屏幕小注定了一页不能显示太多的信息，环境光线的变化注定页面设计不能过于花哨，流量限制注定不能有太多的图片和样式。如何调整信息展现方式，使内容能在小屏幕的手机上也更友好地展现呢？我们以微博为例来进行信息展现的分析。

首先，本·施耐德曼(Ben Shneiderman)的交互设计8项黄金法则，这些法则也可适用于移动互联网的应用。8项黄金法则要点如下：

1. 力求一致。
2. 允许频繁地使用快捷键。
3. 提供明确的反馈。
4. 设计对话，告诉用户任务已完成。
5. 提供错误预防和简单的纠错能力。
6. 应该方便用户取消某个操作。
7. 用户应掌握控制权。
8. 减轻用户的记忆负担。

其次，针对手机上的交互设计原则，还有以下注意点需要补充：

1. 尽量减少操作的步骤。
2. 尽量利用点击来代替输入。
3. 时刻让用户知道自己所处的位置。
4. 保持数据同步。
5. 为输入法让出空间。

手机上的信息展现，一方面要有利于使用者找到需要的信息，另一方面要提供友好的方式阅读你需要的信息。为了在手机上有效地支持这两个任务，手机网站交互设计中的信息设计需要满足以下几条：

1. 摘要形式展现信息。
2. 导航和提示处于明显的位置。
3. 减少滚动。

摘要形式展示信息。因为手机上的信息展现和微博上的信息展现都有一个共同的出发点——方便阅读，任何有助于用户迅速判断某条信息是否有价值的方式都可以借鉴，以防止用户花了大量的时间去阅读一些对他来说毫无意义的内容。因为微博可以展现很详细的信息，而手机上显示一篇稍微长点的文章就需要好几页，所以不能把一篇篇文章直接适配到手机上，而是需要提供一个新的方式，让用户可以总揽全局，一下子看到所有的文章，这就需要把信息缩略成摘要的形式，并减少滚动。显而易见，用户在微博上就很讨厌滚动操作，在手机上更是如此。我们面对的问题是，手机客户端需要把大量的信息整合到终端上展现给用户，势必造成一些不得不进行的滚动和翻页。为了减少垂直滚动，可以按照以下方式来布置内容。

1. 将一些导航功能(菜单栏等)固定地放在页面的顶端或底端。

2. 将十分重要的信息放置在靠近顶部的位置。

3. 减少每一页的信息量，让内容更简练而不冗长。

4. 重要的操作可以重复布置在页面的最底端。

(二)手机的横竖屏设计与使用场景

用户为什么会翻转手机？如果是一个正在输入地址的用户，他横过屏幕，很可能是为了让程序展现出更大的输入空间，以便更高效地完成输入任务；如果是一个正在阅读新闻的用户，他横过屏幕，很可能是为了在一屏内看到更大的字体，或者更多的内容，总之，一定是为了让阅读体验变得更好；如果是一个正在玩游戏的用户，他横过屏幕，很可能是为了两只手来协同操作游戏内容，达到沉浸式游戏的使用状态；如果是一个正在看视频的用户，他横过屏幕，目的无非是以更符合比例的方式浏览视频，在有限的屏幕内看到更大的视频显示区域；如果是一个正在图片浏览的用户，他横过屏幕，目的一定是看到更大画幅的图片，体验更加专注的图片浏览模式；如果是一个正在录音的用户，那么他横过屏幕(或者翻转屏幕)，很可能是为了离麦克风更近一些，让声音被更清晰地录制下来。不同的使用场景，用户对横屏模式的预期是有所差异的，如果你所提供的横屏模式，不能在特定情况下给予用户他所预期的体验，那么不如不要提供横屏模式。用户在不同场景下的要求如下：

1. 游戏类——沉浸式体验。

2. 阅读类——更大字体。

3. 输入类——更方便的输入。

4. 视频类——更合适的比例。

5. 图片类——更大的画幅。

6. 语音类——离麦克风更近。

可以发现，用户在不同的使用情景、不同的应用类型下，对横屏的预期还是有所不同的。显而易见的是，横屏模式大部分情况要么是为了弥补竖屏的不足——字体小、键盘小、画幅比例不合适；要么是用户希望横屏模式下能提供更华丽、更花哨的感官体验，总之从竖屏到横屏的征途，并非那么易如反掌的。

(三)各个平台的横屏元素基本策略

1. 游戏类

制作优秀多媒体界面的挑战主要是编排不同元素,并使之成为一个连贯整体,既要在实质上又要在观念上实现这一点。从实质上讲,众多才艺、技能和感觉联合构成用户看到的实际内容;在观念上,用户界面反映了这些部分的总和而非这些部分本身。若多媒体产品意味着展示或传达许多不同的思想,那么用户界面就是使用所有这些思想的中心点。若多媒体产品传达或展示的仅仅是一种思想,界面须使开发中的所有元素为这一个目标服务。

游戏类的,如果是横屏模式下用户的游戏体验最好,不妨在游戏启动时,就直接切换到横屏。强制横屏,不需要提醒用户,只要用横向的启动画面引导。当用户看到启动屏幕是横向时,自然会知道屏幕翻转。如果默认横屏的话,最好把有实体按键的那一边放在右手侧,这样方便用户用它熟悉的那只手操作。

2. 视频类

视频类的,当用户在点播放之后,以一个合适的引导动画效果,切换到横屏模式。如果用户已经锁定为不要旋转屏幕,就不要强制横屏。横屏模式下,如果是为了帮助用户关注到内容本身的应用,可以把导航栏和工具栏设置为透明的,或者让导航栏和工具栏可以自动隐藏。如果用户需要时,单击一下空白处,又可以唤起操作栏。

3. 图片类

图片类的,如果是相册集,可以明确地知道横屏模式是最适合浏览的。在进入幻灯片模式之后,自动切换到横屏,可以默认全屏,只给出关键的操作图标。小部分用户视图翻转屏幕,切换回竖屏模式,对这部分用户,应该给他们提供一个锁屏功能。

4. 阅读类

阅读类的,用户需要看到更大的字体,尽可能地提升阅读体验。为了把干扰降到最低,导航栏和工具栏是可以自动隐藏的,当用户需要时,再次轻触屏幕唤起导航栏和工具栏。尽量不要蛮横地遮住系统的状态栏,如果一定要全屏模式,可以在自己的界面内部给出系统状态——电量、信号和时间。

5. 工具类

可以有自己独立的UI界面,横屏沿用竖屏的设计风格,只是将布局作出调整。注意结构的可识别性,横屏的结构要有利于双手操作,竖屏有利于单手操作。

第五节　电子产品的安全设计

安全性是系统在可接受的最小事故损失条件下发挥其功能的一种品质,也定义为不发生事故的能力。对于产品开发,设计人员需要具备产品安全设计意识。安全设计意识是指设计中考虑降低产品各种可能出现的安全隐患,不仅仅指给用户造成的各种人身伤害，还包括系统的重大功能失效。安全性设计涵盖内容极广，本章节仅从人机交互接口设计角度来阐述设计中的安全意识。安全性设计往往是系统化思维和思想意识的问题，以人机交互设计思想为例，融会贯通，最终贯穿整个产品设计。电子产品在设计前必须要按有关设计标准进行设计，标准是设计者行为指南，是设计界宪法，不熟悉设计标准其实就是一种变相的违法。不同的国家和地区有不同的标准规范，同一地区，海拔高度不一样，安全要求也不一样。在设计产品时，需要调研所设计的产品是销往什么地方，这些产品在什么样的环境中工作以及被如何使用，使用者的大致分布规律。使用人员从专业技术人员扩展到办公人员，甚至到一般家庭中的老人、妇女、儿童。电子产品的安全性能已经在很大的使用范围内关系到使用者的人身安全及其周围的环境安全。因此，在设计电路时，不单是考虑电路的正确与否，还要考虑产品的整体结构及其持续的安全性问题。

一、电子产品安全的认识

（一）安全的方面

产品的安全性就是指产品在制造、安装、使用和维修过程中没有危险，不会引起人员伤亡和财产损坏事故。电子产品的安全主要体现在电子产品本身的安全和电子产品生产的安全两个方面。

1. 电子产品本身的安全

电子产品本身存在着安全问题，所生产的电子产品应该在保证使用性能的同时保证其不造成人身、场所和设备等损害。要保证电子产品本身的安全，设计是第一道也是最关键的关口，安全设计的依据是有关电子电气产品安全标准；安全性能的实现则是依靠产品原材料的质量和制造工艺；安全性能的保证完全取决于有关安全可靠性的检测和认证。

2. 电子产品生产的安全

电子产品的生产中，就安全、质量和速度三者的关系来看，要坚持一安全、二质量、三速度的原则。

（二）安全的保护对象

安全的保护对象是人、场所、设备和产品。人身安全是最为重要的，在保证人身安全的同时，应保证场所、设备和产品的安全。

（三）安全的三个层面

1. 基本安全

其包括人身安全、设备安全和电气火灾。它涉及每个人和每项事务，主要通过常抓不懈的用电安全教育、不断完善的用电安全技术措施和严格遵守的安全制度来保证。将安全用电的观念贯穿在工作的全过程是安全的根本保证。任何制度、任何措施，都是由人来贯彻执行的，忽视安全是最危险的隐患。用电安全格言：只要用电就存在危险；侥幸心理是事故的催化剂;投向安全的每一分精力和物质永远保值。

2. 隐性安全

其包括电磁干扰和电磁污染。电磁干扰是指电磁辐射干扰其他电子产品工作而引发的安全事故;电磁污染是指电磁辐射对人类健康损害及对生态环境的影响。隐性用电安全有隐蔽性特点,涉及人类自身健康,主要通过政府有关政策和法令防患于未然,同时通过普及有关知识、提高人们安全理念来加强自我保护。

3. 深层次安全

其包括环境、资源和能源。环境指电子产品废弃物对环境的危害;资源是指大量过度生产造成资源浪费;能源是指电子产品全生命周期耗能造成能源危机和温室效应。作为硅片时代社会经济主体的电子制造,在国家经济和国防实力方面都具有支柱作用。

随着工业化大规模的制造技术的发展,极大丰富了人们的物质生活,让更多的人享受到了现代科技的成果。但这种无限制追求高利润和过度物质消费水平的发展模式,对自然资源和能源的掠夺式开发,不顾及地球的承载能力,造成了环境的污染、能源危机和资源浪费。以环境友好、资源和能源节约为目标的现代电气电子技术和生态制造、绿色制造以及生态产品、绿色产品等科学发展观和可持续发展战略日益深入人心,成为新时代电子制造技术领域无可置疑的基本原则,是解决深层次用电安全问题的唯一出路,也是人类未来在地球生存和发展的唯一选择。

二、电子产品安全设计的原则

(一)防电击

电子产品的防电击功能是所有用电设备的最起码的要求。为此任何电子产品都必须具有足够的防触电措施,包括外壳物理开孔处,使用直径 3 毫米 15 毫米长的金属探针探入壳内时,不得触及任何冷端带电体。严格遵循一类设备漏电接地保护,二类设备双重绝缘保护的安全设计规范,不可混用标准。

1. 产生电击的原因

电流通过人体会引起病理生理效应,通常毫安级的电流就会对人体产生危害,更大的电流甚至会造成人的死亡。因此,在各类电子电气设备的安全设计中防触电保护是一个很重要的内容。通常产生电击危险的原因有:

(1)触及带电件。

(2)正常情况下带危险电压零部件和可触及的导电零部件(或带非危险电压的电路)之间产生绝缘击穿。

(3)接触电流过大。

(4)大容量电容器放电。

2. 绝缘的分类

(1)基本绝缘——对危险带电零部件所提供的防触电基本保护的绝缘。

(2)附加绝缘——基本绝缘以外所使用的独立绝缘，以便在基本绝缘一旦失效时提供防触电保护。

(3)双重绝缘——同时具有基本绝缘和附加绝缘的绝缘。

(4)加强绝缘——对危险带电零部件所加的单一绝缘，其防触电等级相当于双重绝缘。绝缘的构成可以是固体材料、液体材料、满足一定要求的空气间隙和爬电距离。

(二)防能量集中释放的危险

大电流输出端短路，能造成局部打火、熔化金属、引起火灾，因为低压电路也能存在能量瞬间大量释放时的焦耳热转换危险。

(三)防着火

用于电子产品中的材料，特殊以及安全部位一般要使用阻燃或缓燃物料，着火后烟雾小，毒气小的材料做外壳，意外发生火灾警情时，不会产生二次着火，烟雾小不影响工作人员逃生，中毒的机会就小，锂离子电池受到金属硬物体刺戳时，不得出现化学能量急剧释放后导致出现的引燃或爆燃之现象。

(四)防高温

凡是外露的零部件一般都有特别用途，有的是为了散热，有的是为了功能的需要，我们就要去考虑它的温度情况，如果该部件会产生出过高的温度则可能会造成对使用者的意外灼伤，对于产品耗散功率相对较大者，需要考量整机散热热阻及有效的热对流与辐射，把热量快速交换出去。

(五)防机械性危险

在电器产品中也存在一些运动器件，如电风扇的扇叶，尖刃的金属物体，这些都可能造成对使用者的不当伤害，这种伤害不能因为企业在产品说明书中的使用性强制要求就可以被免责。另外，就是产品的外壳，接合处不能存在刀刃状。产品重心的配置，存在高真空度负压的器件都是我们设计人员必须去考虑的。

(六)防辐射

辐射分四大类，一是声频辐射，二是射频辐射，三是光辐射，四是电离子辐射。电子产品的使用者对辐射是全然不知的，也不可能要求客户先去了解与学习这些知识后再来使用我们的产品，这完全要靠我们设计团队在设计时提前去认真考虑。电子产品最主要的辐射危害就是电磁辐射，电磁辐射对人体有着不小的危害，如果不认真对待此问题，会产生很严重的后果：

第一，它极可能是造成儿童患白血病的原因之一。医学研究证明，长期处于高电磁辐射的环境中，会使血液、淋巴液和细胞原生质发生改变。意大利专家研究后认为，该国每年有 400 多儿童患白血病，其主要原因是距离高压线太近，因而受到了严重的电磁污染。

第二,能够诱发癌症并加速人体的癌细胞增殖。电磁辐射污染会影响人类的循环系统、免疫、生殖和代谢功能,严重的还会诱发癌症,并会加速人体的癌细胞增殖。瑞士的研究资料指出,周围有高压线经过的住户居民,患乳腺癌的概率比常人高 7.4 倍。

第三,美国得克萨斯州癌症医学基金会针对一些遭受电磁辐射损伤的病人所做的抽样化验结果表明,在高压线附近工作的工人,其癌细胞生长速度比一般人要快 24 倍。

第四,影响人类的生殖系统,主要表现为男子精子质量降低,孕妇发生自然流产和胎儿畸形等。

第五,可导致儿童智力残缺。据最新调查显示,我国每年出生的儿童中,很大一部分是缺陷儿,其中绝大多数是智力残缺,有专家认为电磁辐射也是影响因素之一。世界卫生组织认为,计算机、电视机、移动电话的电磁辐射对胎儿有不良影响。

第六,影响人们的心血管系统,表现为心悸、失眠、部分女性经期紊乱、心动过缓、心搏血量减少、窦性心律不齐、白细胞减少、免疫功能下降等。如果装有心脏起搏器的病人处于高压电磁辐射的环境中,会影响心脏起搏器的正常使用。

第七,对人们的视觉系统有不良影响。由于眼睛属于人体对电磁辐射的敏感器官,过高的电磁辐射污染会引起视力下降、白内障等。高剂量的电磁辐射还会影响及破坏人体原有的生物电流和生物磁场,使人体内原有的电磁场发生异常。值得注意的是,不同的人或同一个人在不同年龄阶段对电磁辐射的承受能力是不一样的,老人、儿童、孕妇属于对电磁辐射的敏感人群。

(七)防化学危险

接触某些液态物质,也是存在一些危险的,比如:汞,日光灯的汞蒸气,蓄电池内的酸液,电解电容中的电解液,锂离子电池中的电解液,这些都是化学物质,如有泄漏就会对使用者带来伤害。

三、电子产品安全设计的措施

为了防止以上的情况在产品中出现,在设计时,必须认真地去考虑如何消除这些问题的存在,如何预防元器件失效后导致的关联风险。

(一)防电击的设计措施

为了防止电击可能性存在,在设计时要对产品作绝缘处理,一类电气产品有接地要求,可以把电泄漏快速导入大地,以保护用户;二类产品一般一个产品都有两个以上的防电击处理措施,一是基本绝缘条件,二是附加绝缘条件。例如一个电子产品的最基本的绝缘条件是塑胶外壳。电路板与外壳间的距离为附加绝缘条件。但需要注意,设计人员不能因为有了附加绝缘条件而降低基本绝缘条件。

1. 防触电保护类型

Ⅰ类:防触电不仅依靠基本绝缘而且采用附加安全措施的设计,在基本绝缘万一失效时，有措施使可触及的导电零部件与设施中的固定线路中的保护(接地)导体相连接，从而使可触及的导电零部件不会危险带电。

Ⅱ类：防触电不仅依靠基本绝缘而且采用诸如双重绝缘或加强绝缘之类的附加安全措施的设计。它不具有保护接地措施，也不依靠设施的条件。

Ⅲ类：使用安全特低电压供电。

(1)爬电距离：在两个导电零部件之间沿绝缘材料表面的最短距离。

(2)电气间隙：在两个导电零部件之间在空气中的最短距离。

(3)接触电流：正常工作条件下或故障条件下，当人体接触设备的一个或多个可触及零部件时通过人体的电流。

2. 防触电基本要求

从安全标准的意义上，设备必须满足可触及部位：

(1)接触电流小于 0.7mA，或开路电压小于直流电压 60V，交流电压 35V。

(2)具有足够的抗电强度和绝缘电阻。

(3)具有合适的防触电等级。

3. 防电击设计的基本法

(1)机壳隔离。

利用机壳可把尽可能多的带电部件围封起来，防止操作者触及。因此机壳的安全设计必须引起设计者的重视。机壳的安全设计要达到以下要求。

①足够的机械强度。

为保证对带电件提供足够的安全隔离保护，要求机壳能承受一定的外力作用，标准规定设备外壳的不同部位应能承受：

用试验指施加 50N:5N 的推力，持续 10s；

用试验钩施加 20N+2N 的拉力，持续 10s；

用直径 30mm 的圆形接触平面的试验工具对外部导电的外壳和外壳上的导电零部件施加 100N+10N(落地式设备 250N+10N)的作用力，持续 5s；

用弹簧冲击锤施加 0.5J 的动能，3 次；

②合适的孔径或缝隙的尺寸。

为了散热通风的需要和安装各类开关、输入输出装置，在机壳上开孔是不可避免的，为保证使用者不会通过这些孔接触到机壳内的带电件，在安全设计中应注意以下几点。

第一，尽量少开孔，并保证开孔后机壳的机械强度仍应满足标准规定的要求。第二，孔的位置应尽量避免在带电件集中的部位，设计应保证使悬挂的外来物在进入孔后不会变成危险带电件(标准规定用直径为 4mm，长 100mm 的试验针插入孔内进行检查)。

③机壳的安装固定应注意。

不通过工具不能打开，除非采用了连锁装置，使得当机壳被打开的同时自动切断电源。连接的螺钉要有一定的啮合牢度，但也不能太长，导致破坏规定的绝缘。

(2)防护罩和防护挡板。

当仅需要将某一带电部位隔离时可用防护罩或防护盖，其所起的功能和设计要点与机壳相同。例如，对于因功能需要，使得连接端子带电时，可设置保护盖，使带电端子不可触及。防护挡板用于防止与带电件直接接触，或增加爬电距离和电气间隙，要求材料必须是绝缘材料，绝缘厚度满足标准的规定(≥0.4cm)，挡板必须固定牢固。

(3)安全接地措施。

Ⅰ类设备的机壳采用基本绝缘，需要用安全接地防护作为附加安全措施，以便一旦基本绝缘失效时，通过安全接地保护，使可触及件不会变成带电件。这种保护措施的关键要保证接地端的可靠性，设计要求如下。

①可触及件到接地端子的电阻应小于 0.10Ω，试验方法为：施加试验电流交流 25A 或直流 25A，试验电压不超过 12V。

②保护接地端子应耐腐蚀。

③对地保护接地导线的绝缘层应是黄绿色。

④安全接地端子的连接方法应能保证徒手不能拆开。

⑤安全接地端子的位置应设置：第一设备本身具有电源连接的插座的，应设置在插座上；设备为不可拆卸的电源线，设置在靠近电网端子的地方；各需要接地保护的零部件应"并联"接到安全接地端。

(4)保护隔离方法。

利用满足加强绝缘或双重绝缘的元件对带危险电压电路与安全特低电压电路进行隔离。此类元件有隔离变压器、光电耦合器、隔离电阻和隔离电容器等。这些元件的选择必须符合安全标准的要求。

(5)降低输出端子的电压(这并不是所有产品都能做到)。

(6)使用安全连锁装置，在出现可能触及带电端子的危险时切断电源。

(7)防止危险带电件与可触及件之间的绝缘击穿。

产品内所有绝缘都必须能够承受产品在正常工作条件下和单一故障条件下产品内部产生的相关电压，还必须承受来自电网电源和从通信网络传入的瞬态冲击电压，无飞弧、击穿现象。

(8)防接触电流过大。

①减少危险带电件与可触及件之间的等效隔离电容的容量。危险带电件与可触及件之间的等效隔离电容的容量太大，会导致接触电流过大，理论上讲，当输入电网电源电压为 250V 时，其容量可达 6 200pF，但实际由于产品内部分布电容的存在，隔离电容的容量不可能这么大，通常不超过 5 100pF。

②Ⅰ类设备提供可靠的保护接地连接。

(9)防大容量电容器放电。

当跨接在初级电源电路的电容器容量达到一定值时，设备通电后，由于电容充有较多的电能，当未能及时释放，拔出电源插头，触及插头上的金属零部件时，就有可能产生电击危险。设计措施有：

①降低电容器的容量。

②设置时间常数足够小的放电回路。由于电容量常受其他要求的约束，不易任意减

少,故实际常在电容器两端并联适当阻值的电阻器,形成放电回路。

(二)防能量集中释放的设计措施

瞬间的大电流在使用中也可能造成危害,大电流产品在设计过程中要考虑线路漏电流的情况,这里所说的漏电流,是指对人体有伤害的电流,这种电流在用电设备中是可以想法子去掉的,在一些电器上加上隔离电容或者是增加释放回路,这样可以消除一些寄生干扰,还可以减少漏电流对人体的伤害,一般当电压在250V时,隔离电容的容量不能超过6 200pF(如安规中的Y电容)。电容如果再大,就会出现电泄漏危害了。

(三)防着火的设计措施

为防止电器起火,在设计时要考虑到,起火的三大要素,一是燃料,二是温度,三是氧气。要从这三个方面入手切断起火的根源。

一是外壳用阻燃材料做,这样不易着火,

二是想办法降低发热件的温度、这样着火的可能性就会减少。

(四)防高温的设计措施

电子产品在过高的温度中工作时间长了会减少其工作寿命、降低绝缘性能,因此,在大部分有一定功率输出的电子设备中,就要加散热方案,被动热沉散热或主动散热,如给在外壳上开通风口以增加风道,功率元件加热沉散热器,必要时增加风扇来实施主动散热,有的还可以采用水冷方式进行散热。一般性的散热设计方案有以下几种:

1. 机壳设计

机壳的热设计十分重要,设备的工作产生的热可通过机壳的传导和辐射散出机外,通过合理的开孔,可形成对流通风散热,加速设备的工作热的散发。由于机壳设计时要考虑其防触电性能和防火性能,在材料和厚度的选择上余地不大,因此,机壳的热设计主要考虑以下两点。

(1)合理选用机壳的颜色。

选用黑漆涂覆能增加散热效果。内表面涂黑漆可降低机内温度,促使机内发热元件的散热,外表面涂黑漆能降低机壳表面温升,加速机壳的热传导和热辐射。

(2)合理开通风孔,形成自然对流散热。通风孔的进出气口,应尽量设在整机温差最大的两处,进风口应尽量低,出风口尽量高,并且孔的位置要靠近发热元件。

2. 发热元件的处理

(1)尽量置于易于通风散热的地方。

(2)增加发热元件的散热面积。例如,对大功率晶体管增加散热片。

(3)采用适当的降额设计,减少功耗。

3. 合理选用热保护装置

为防止在故障条件下引起过高的温升,可适当加装过温保护装置,来及时切断电源。热保护装置分为两类,一类为不可恢复型,例如,热熔断体;另一类为可恢复型,即断开后,当温升下降后能自动恢复工作，这类元件有PTC(正的温度系数)元件、双金属片热保护器等。

4. 选用适当的散热方法

常用的散热的方法有以下机种。

(1)风冷式散热：风扇＋散热片。

(2)水冷式散热：散热器＋水管＋水泵。

(3)半导体制冷法：利用半导体制冷器。

(4)热管散热法：在热管里填充特制的液态导热介质，使热量均匀地散发到散热器的各个散热翅片上，极大地提高散热片的导热性能。

(5)液氮散热法。

(6)软件降温法：软件散热可以让CPU在没有工作或工作比较清闲时，让CPU休息，从而减少CPU的耗电，使温度下降。

(7)散热片散热。

(8)风扇散热。

(五)防机械性危险的设计措施

机械结构上也能引起对使用者的不当危害，如体积较大电器的重心不稳是可能引起倾覆类的不良后果，产品边角太锐利，高速运动部件存在的危险性，产品运输及交付途中导致内部物体松脱出现的不当意外；产品使用后，表面产生微粒析出现象，高湿度、高粉尘环境导致机器长时间工作后出现异常以及关联损害；以及外壳开孔处的安全性考量——防止水漏进去，防止儿童手指插入，防止金属插入后触电等等，设计时都要去提前加以思考。

(六)防辐射的设计措施

辐射在我们应用的电气产品中无处不在，有不少产品都带有辐射，只是标准还达不到伤及人的生命的程度如我们使用的显像管，红外线，紫外线，DVD的光头(激光)，声频，射频这些辐射的指标一旦发生变化将对人产生非常大的伤害，而这些辐射则是我们发现不了的。

(七)防化学危险的设计措施

化学危险也是对人体有害的因素之一，如离子电池的爆浆及漏液，日光灯管内的汞蒸气，电解电容的电解液的意外爆浆，纽扣电池的意外爆浆，一些有害胶粘剂对人体的潜在损害，这些都是需要考虑的。

第四章　电子产品的制作流程研究

任何电子产品的制作都要在工艺流程的基础上经过焊接、安装、检测这些重要环节，以使制作出来的电子产品具备应有的功能，且合乎一定标准。本章节是对电子产品制作流程的分析，内容包括电子产品的制作工艺、电子产品的焊接、电子产品的安装和电子产品的检测。

第一节　电子产品的制作工艺

一、工艺概述

1. 工艺的定义

任何产品的生产过程都涵盖从原材料进厂到成品出厂的每一个环节。对于电子产品而言，这些环节主要包括原材料和元器件检验、单元电路或配件制造、单元电路和配件组装成电子产品整机系统。“工艺和制造是同步发展的一种生产应用技术。”[①]在生产过程中的每一个环节，企业都要按照特定的规程和方法去制造。这种特定的规程和方法就是我们通常所说的工艺。

到底什么是工艺呢？工艺字面上的含义是工作的艺术，对于生产产品而言，工艺是指利用生产设备和工具，用特定的规程将原材料和元器件制造成符合技术要求的产品的艺术。它原本是企业在生产产品过程中积累起来的并经过总结的操作经验和技术能力，但到生产时又反过来影响生产、规范生产。

工艺工作是企业组织生产和指导生产的一种重要手段，是企业生产技术的中心环节。从本质上讲，工艺工作是企业的综合性活动，是企业各个部门工作的纽带，它把生产各个环节联系起来，使各部门成为一个完整的制造体系。工艺工作水平的高低决定了企业在一定设计条件下，能制造出多少种产品、能制造出什么水平的产品。工艺工作体现在企业

---

① 张伟，金翠红，孔辉，秦海波．电子工艺实训教程[M]．重庆：重庆大学出版社，2018：1.

产品怎样制造、采用什么方法、利用什么生产资料去制造的整个过程中。

工艺工作可分为工艺技术和工艺管理两大方面。工艺技术是人们在生产实践中或在应用科学研究中的技能、经验以及研究成果的总结和积累。工艺工作的更新换代，都是以提高工艺技术水平为标志的，所以，工艺技术是工艺工作的中心。工艺管理是为保证工艺技术在生产实际中的贯彻而对工艺技术的计划、组织、协调与实施。一般任何先进的技术都要通过管理才能得以实现和发展。研究工艺管理的学科称为工艺管理学，工艺管理学是不断发展的管理科学，现已成为管理学中的一个重要分支。

2. 我国电子工艺现状

我国电子工业发展到21世纪的今天已形成了门类齐全的电子工业体系，在数量和技术水平上都发生了巨大的变化。20世纪80年代改革开放以来，随着世界各工业发达国家和我国港台地区的电子厂商纷纷把工厂迁往珠江三角洲和长江三角洲，我国的电子工业更是得到突飞猛进的发展，电子工业已经成为我国国民经济的重要产业。

目前，我国电子行业的工艺现状是“两个并存”：先进的工艺与陈旧的工艺并存，先进的技术与落后的管理并存。

就我国电子产品制造业而言，热点主要集中在东南沿海地区。在这里，企业不断从发达国家引进最先进的技术和设备，利用经济实力招揽大量生产产品的技术队伍，培养高素质的工艺技术人才，已基本形成系统的、现代化的电子产品制造工艺体系，这里制造的电子产品行销全世界，已成为世界电子工业的加工厂。但在内地，一些电子产品制造企业的发展和生存却举步维艰，由于设备陈旧、技术进步缓慢和缺乏人才，因而工艺技术和工艺管理水平落后。

电子工艺现状，使得我国电子产品质量水平参差不齐。一些拥有先进技术的企业，特别是外资企业，设备先进，工艺技术力量强，实行现代化工艺管理，电子产品的质量就比较稳定，市场竞争力就比较强。而对于那些设备陈旧、技术进步缓慢的企业而言，由于电子工艺技术和工艺管理水平不足，产品质量亟待提高。

总之，我国电子工艺在整体上还处在比较落后的水平，且发展水平差距较大，有些企业已经配备了最先进的设备，拥有世界上最好的生产条件和生产技术，也有些企业还在简陋条件下使用陈旧的设备维持生产。因此，提高工艺水平、培养高素质的工艺技术队伍是我国电子工艺教育的长期任务。

二、制造过程中工艺技术的种类

制造一个整机电子产品，会涉及方方面面的很多技术，且随着企业生产规模、设备、技术力量和生产产品的种类不同，工艺技术类型也不同。并不是电子产品制造工艺无法归纳，与电子产品制造有关的工艺技术主要包括以下几种。

1. 机械加工和成形工艺

电子产品的结构件是通过机械加工而成的，机械类工艺包括车、钳、刨、铣、镗、磨、铸、锻、冲等。机械加工和成形的主要功能是改变材料的几何形状，使之满足产品的装配连接。机械加工后，一般还要进行表面处理，提高表面装饰性，使产品具有新颖感，同时也起到防腐抗蚀的作用。表面处理包括刷丝、抛光、印刷、油漆、电镀、氧化、铭牌制作等工艺。如果结构件为塑料件，一般采用塑料成形工艺，主要分为压塑工艺、注塑工艺及部分吹塑工艺，等等。

2. 装配工艺

电子产品生产制造中装配的目的是实现电气连接，装配工艺包括元器件引脚成形、插装、焊接、连接、清洗、调试等工艺；其中焊接工艺又可分为手工烙铁焊接工艺、浸焊工艺、波峰焊工艺、再流焊工艺等；连接工艺又可分为导线连接工艺、紧固件连接工艺等。

3. 化学工艺

为了提高产品的防腐抗蚀能力，使外形装饰美观，一般要进行化学处理，化学工艺包括电镀、浸渍、灌注、油漆、胶木化、助焊剂、防氧化等工艺。

4. 其他工艺

其他工艺包括保证质量的检验工艺、老化筛选工艺、热处理工艺等。

三、产品使用对制造工艺提出的要求

1. 产品外形、体积与重量方面的要求

调查显示，一个电子产品能赢得市场，得到广泛使用，在同等质量条件下，很大程度取决于产品是否有吸引顾客的外形，而外形一方面与设计有关，另一方面与制造质量有关，因此，制造时需要保证有良好的外形质量保证工艺。同时顾客还对电子产品的体积和重量有着苛刻要求，比如手提电脑，顾客大多要求体积小、重量轻。因此，对制造工艺而言，通过何种方式来保证体积小、重量轻的产品的制造，具有非常重要的意义。

2. 产品操作方面的要求

电子产品的操纵性能如何，直接影响到产品被顾客接受的程度。在生产过程中，需要一定的工艺技术，使产品为操作者创造良好的工作条件；保证产品安全可靠，操作简单；指示清晰，便于观察。

3. 维护维修方面的要求

电子产品使用后有可能需要维护维修，制造电子产品，因此，应在结构工艺上保证维护修理方便。应重点考虑以下几点：首先，在发生故障时，便于打开维修或能迅速更换备用件。如采用插入式和折叠式结构、快速装拆结构以及可换部件式结构等；其次，可调元件、测试点应布置在设备的同一面，经常更换的元器件应布置在易于装拆的部位，对于电路单元应尽可能采用印制板，并用插座与系统连接，元器件的组装密度不宜过大，以保证元器件间有足够的空间，便于装拆和维修；等等。

第二节 电子产品的焊接

一、焊接的基础知识

(一)焊接的概念

焊接是通过加热、加压,或两者并用,使两工件产生原子间结合的加工工艺和连接方式。焊接"是一种工艺,一种技术",不是"一门科学"。[①] 焊接应用广泛,既可用于金属,也可用于非金属,它是把各种各样的金属零件按设计要求组装起来的重要连接方法之一。焊接具有节省金属、减轻结构重量、生产效率高、接头机械性能和紧密性好等特点,因而得到了十分广泛的应用。现代的焊接技术"完全可以得到高质量的焊接接头"[②]。

(二)焊接方法的分类

焊接方法发展到今天,其数量已经不下几十种。[③] 在生产中,使用较多的焊接方法主要有熔焊、电阻焊和钎焊 3 类。

1. 熔焊

熔焊,又叫熔化焊,是一种最常见的焊接方法。它是利用高温热源将需要连接处的金属局部加热到熔化状态,使它们的原子充分扩散,冷却凝固后连接成一个整体的方法。

熔焊可以分为:电弧焊、电渣焊、气焊、电子束焊、激光焊等。最常见的电弧焊又可以进一步分为:手工电弧焊(焊条电弧焊)、气体保护焊、埋弧焊、等离子焊等。

2. 电阻焊

电阻焊是将焊件压紧于两电极之间,并通以电流,利用电流流经焊件接触面及其邻近区域所产生的电阻热将其加热到熔化或塑性状态,使之形成金属结合的一种工艺方法。

电阻焊的种类很多,常用的有点焊、缝焊和对焊 3 种。点焊是将焊件装配成搭接接头,并压紧在两电极之间,利用电阻热熔化母材金属,形成焊点的电阻焊方法。点焊主要用于薄板焊接。

缝焊是将焊件装配成搭接或对接接头,并置于两滚轮电极之间,滚轮加压焊件并转动,连续或断续送电,形成一条连续焊缝的电阻焊方法。缝焊主要用于焊接焊缝较为规则,要求密封的结构,板厚一般在 3 mm 以下。

---

① 王忠堂,张玉妥,刘爱国. 材料成型原理[M]. 北京:北京理工大学出版社,2019:289.

② 李景仲,王秀杰,王颀,赫英歧,何玉林,赵林林,边巍,林伟,徐建高. 机械识图(第 2 版)[M]. 北京:金盾出版社,2018:225.

③ 王刚,尹立孟,姚宗湘,陈玉华. 焊接技术与工程实习实训教程[M]. 北京:冶金工业出版社,2018:1.

对焊是使焊件沿整个接触面焊合的电阻焊方法。

3. 钎焊

如果在焊接的过程中需要熔入第3种物质，则称之为“钎焊”，所加熔上去的第3种物质称为“焊料”。用比母材熔点低的金属材料作为钎料，用液态钎料润湿母材和填充工件接口间隙，并使其与母材相互扩散的焊接方法。钎焊变形小，接头光滑美观，适合于焊接精密、复杂和由不同材料组成的构件，如蜂窝结构板、透平叶片、硬质合金刀具和印制电路板等。钎焊前对工件必须进行细致加工和严格清洗，除去油污和过厚的氧化膜，保证接口装配间隙。间隙一般要求在0.01～0.1 mm。

根据焊接温度的不同，钎焊可以分为两大类。通常以450 ℃为界，焊接加热温度低于450 ℃称为软钎焊，高于450 ℃称为硬钎焊。

钎焊常用的工艺方法较多，主要是按使用的设备和工作原理区分的。如按热源区分则有红外、电子束、激光、等离子、辉光放电钎焊等；按工作过程分有接触反应钎焊和扩散钎焊等。接触反应钎焊是利用钎料与母材反应生成液填充接头间隙。扩散钎焊是增加保温扩散时间，使焊缝与母材充分均匀化，从而获得与母材性能相同的接头。

电子产品安装工艺中的所谓“焊接”就是软钎焊的一种，主要用锡、铅等低熔点合金做焊料，因此俗称“锡焊”。

(三)电子产品的锡焊工艺

1. 锡焊的实用性特点与焊接条件

目前电子元器件的焊接主要采用锡焊技术。锡焊技术采用以锡为主的锡合金材料作焊料，在一定温度下焊锡熔化，金属焊件与锡原子之间相互吸引、扩散、结合，形成浸润的结合层。外表看来印制板铜箔及元器件引线都是很光滑的，实际上它们的表面都有很多微小的凹凸间隙，熔流态的锡焊料借助于毛细管吸力沿焊件表面扩散，形成焊料与焊件的浸润，把元器件与印制板牢固地黏合在一起，且具有良好的导电性能。

锡焊焊接的条件是：焊件表面应是清洁的，油垢、锈斑都会影响焊接；能被锡焊料润湿的金属才具有可焊性，对黄铜等表面易于生成氧化膜的材料，可以借助于助焊剂，先对焊件表面进行镀锡浸润后，再行焊接；要有适当的加热温度，使锡焊料具有一定流动性，才可以达到焊牢的目的，但温度也不可过高，过高时容易形成氧化膜而影响焊接质量。

2. 锡焊形成的工艺过程

从微观角度来分析锡焊过程的物理、化学变化，锡焊是通过“润湿”“扩散”“冶金结合”3个过程来完成的。任何焊接从物理学的角度看，都是“扩散”的过程，是在高温下两个物体表面分子互相渗透的过程，充分理解这一点是迅速掌握焊接技术的关键。锡焊焊接的过程是：焊料先对金属表面产生润湿，伴随着润湿现象发生，焊料逐渐向金属扩散，在焊料与金属的接触界面上生成合金层，使两者牢固结合起来。

润湿过程是指已经熔化了的焊料借助毛细管力，沿着母材金属表面细微的凹凸及结晶的间隙向四周漫流，从而在被焊母材表面形成一个附着层，使焊料与母材金属的原子相互接近，达到原子引力起作用的距离。我们称这个过程为熔融焊料对母材表面的润湿。

润湿过程是形成良好焊点的先决条件。

伴随着润湿的进行，焊料与母材金属原子间的互相扩散现象开始发生，通常金属原子在晶格点阵中处于热振动状态，一旦温度升高，原子的活动将加剧，原子移动的速度和数量决定加热的温度和时间。

由于焊料与母材互相扩散，在两种金属之间形成一个中间层，即金属化合物，从而使母材与焊料之间达到牢固的冶金结合状态。

锡焊，就是让熔化的焊锡分别渗透到两个被焊物体的金属表面分子中，然后让其冷却凝固而使之结合。被焊物体的金属可以是元器件引出脚、电路板焊盘或者是导线。

以元器件引出脚和电路板焊盘的焊接为例，如图 4.1 所示，这里的两金属（引脚和焊盘）之间有两个界面：其一，是元器件引出脚与焊锡之间的界面；其二，是焊锡与焊盘之间的界面。当一个合格的焊接过程完成后，在以上两个界面上都必定会形成良好的扩散层，如图 4.2 所示。在界面上，高温促使焊锡分子向元器件引出脚的金属中扩散，同时，引出脚的金属分子也向焊锡中扩散。两种金属的分子浓度都是向对方逐渐过渡的，这样原来界面的明显界线就逐渐模糊，于是，元器件引出脚和焊盘就通过焊锡紧紧地结合在一起了。

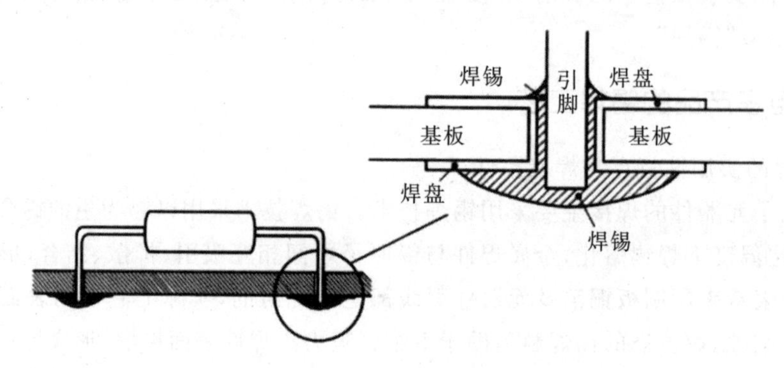

图 4.1　元件引脚和焊盘的焊接界面

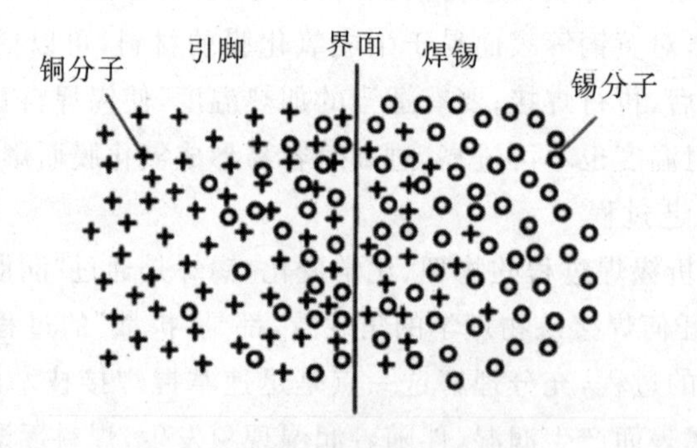

图 4.2　焊接的物理过程示意图

从以上分析可以知道：焊接过程的本质是扩散，焊接不是“粘”，也不是“涂”，而是“熔入”“浸润”和“扩散”，它们最后是形成了“合金层”。

(四)焊点形成的必要条件

要使焊接成功,必须形成扩散层,或称合金层,而要形成合金层,必须满足以下几个条件:

1. 两金属表面能充分接触,中间没有杂质隔离(如氧化膜、油污等);
2. 温度足够高;
3. 时间足够长;
4. 冷却时,两个被焊物的位置必须相对固定。

在凝固时不允许有位移发生,以便熔融的金属在凝固时有机会重新生成其特定的晶体结构,使焊接部位保持应有的机械强度。

根据以上条件,应该是温度越高、时间越长,焊接效果越好。然而,受元器件耐温性能和焊剂、焊料等重新氧化的限制,在实际的焊接工艺中,温度和时间都不能过度。但这是迫不得已的,如果仅从形成良好的扩散层来看,温度和时间往往略显不足,实际上有很多虚焊就是焊接温度和时间不够造成的。

根据以上条件,良好焊点的标准如下:

1. 焊点表面:光滑,色泽柔和,没有砂眼、气孔、毛刺等缺陷。
2. 焊料轮廓:印制电路板焊盘与引脚间应呈弯月面,润湿角 $15^{\circ}<\theta<45^{\circ}$。
3. 焊点间:无桥接、拉丝等短路现象。
4. 焊料内部:金属没有疏松现象,焊料与焊件接触界面上形成 $3\sim10\mu m$ 的金属间化合物。

后面介绍的焊接工具、材料以及实际的操作手法,实质上都是人们在客观条件受限的情形下,为了尽量满足这几个条件而探索出来的办法。

二、电子产品焊接工具与材料

(一)焊接工具

电烙铁是焊接的基本工具,是根据电流通过发热元件产生热量的原理而制成的。电烙铁是一种电热器件,通电后可产生约 260 ℃的高温,可使焊锡熔化,利用它可将电子元器件按电路图焊接成完整的产品。下面介绍几种常用的电烙铁的构造及特点。

1. 外热式电烙铁

外热式电烙铁的外形如图 4.3 所示。由烙铁头、烙铁心、外壳、手柄、电源线和插头等各部分组成。电阻丝绕在云母片绝缘的圆筒上,组成烙铁心。烙铁头装在烙铁心的里面,电阻丝通电后产生的热量传送到烙铁头上,使烙铁头温度升高,故称为外热式电烙铁。

外热式电烙铁结构简单,价格较低,使用寿命长,但其升温较慢,热效率低。

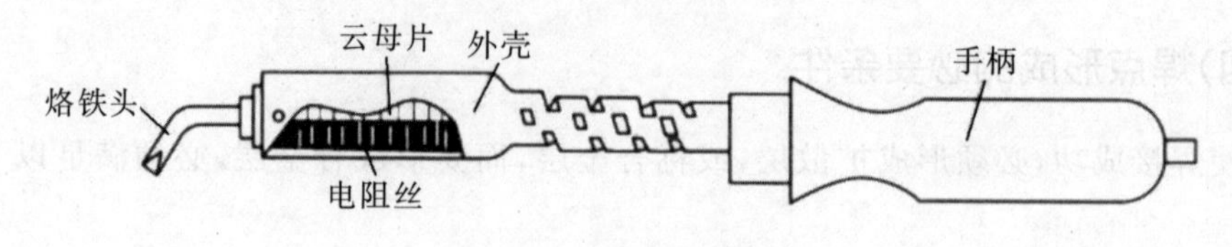

图 4.3 外热式电烙铁

2. 内热式电烙铁

内热式电烙铁的外形如图 4.4 所示。由于烙铁心装在烙铁头里面，故称为内热式电烙铁。由于烙铁心在烙铁头内部，热量能够完全传到烙铁头上，升温快，因此，热效率高达 85%～90%，烙铁头温度可达 350 ℃左右。

内热式电烙铁具有体积小、重量轻、升温快和热效率高等优点。

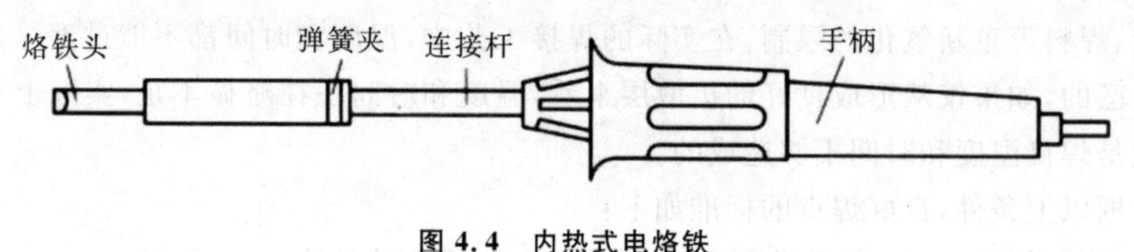

图 4.4 内热式电烙铁

3. 恒温电烙铁

目前使用的内热式电烙铁和外热式电烙铁的温度一般都超过 300 ℃，这对焊接晶体管、集成电路等是不利的。在质量要求较高的场合，通常需要恒温电烙铁。恒温电烙铁有电控和磁控两种。

电控是由热电偶作为电感元件来检测和控制电烙铁的温度。当烙铁头温度低于规定值时，温控装置内的电路控制半导体开关元件或继电器接通电源，给电烙铁供电，使其温度上升，温度一旦达到预定值，温控装置自动切断电源。如此反复动作使烙铁头基本保持恒温。

磁控恒温电烙铁是借助于软磁金属材料在达到某一温度时会失去磁性这一特点，制成磁性开关来达到控温目的。

4. 其他电烙铁

除上述几种电烙铁外，新近研制成的一种储能式烙铁，是适应集成电路，特别是对点和敏感的 MOS 电路的焊接工具。烙铁本身不接电源，当把烙铁插到配套的供电器上时，烙铁处于储能状态，焊接时拿下烙铁，靠储存在烙铁中的能量完成焊接，一次可焊若干焊点。

还有用蓄电池供电的碳弧烙铁；可同时除去焊件氧化膜的超声波烙铁；具有自动送进焊锡装置的自动烙铁。

5. 电烙铁的使用和保养

电烙铁使用有一定的技巧，若使用不当，不仅焊接速度慢，而且会形成虚焊或假焊，影响焊接质量。

(1)电烙铁使用前先用万用表测量一下插头两端是否短路或开路，正常时 20 W 内热式电烙铁阻值约为 2.4 kΩ。再测量插头与外壳是否漏电或短路，正常时阻值为无穷大。

(2)新电烙铁镀锡方法。新电烙铁的烙铁头表面镀有一层铬，不宜粘锡，使用前应先用砂纸将其去掉，接上电源当烙铁引脚头温度逐渐升高时，将松香涂在烙铁头上，待松香冒烟时，在烙铁头上镀上一层焊锡，然后再使用。

(3)烙铁头使用长时间后会出现凹槽或豁口，应及时用锉刀修整，否则会影响焊点质量。对多次修整已较短的烙铁头，应及时调换。

(4)在使用间歇中，电烙铁应搁在金属的烙铁架上，这样既保证安全，又可适当散热，避免烙铁头"烧死"。对已"烧死"的烙铁头，应按新烙铁的要求重新上锡。

(5)在使用过程中，电烙铁应避免敲击，因为在高温时的振动，最易损坏烙铁心。

(二)焊接材料

焊接材料包括焊料(俗称焊锡)和焊剂(又称助焊剂)，对焊接质量有决定性影响。掌握焊料、焊剂的性质、成分、作用原理及选用知识是电子工艺中的重要内容。

1. 焊料

焊料是一种熔点比被焊金属低，在被焊金属不熔化的条件下能润湿被焊金属表面，并在接触界面处形成合金层的物质。焊料的种类很多，按其组成成分分为锡铅焊料、银焊料和铜焊料等。按其熔点可分为软焊料(熔点在 450 ℃以下)和硬焊料(熔点在 450 ℃以上)。在电子产品装配中，一般都选用锡铅焊料，它是一种软焊料。

为什么要用铅锡合金而不单独采用铅或锡作为焊料呢？有三点理由：

(1)熔点低便于使用。

锡的熔点是 232 ℃，铅的熔点是 327 ℃，但把锡和铅作为合金，它开始熔化的温度可降到 183 ℃。当锡的含量为 61.9%时，锡和铅有一个共晶点，此时锡铅合金开始凝固和开始液化的温度是一定的，为 183 ℃，是锡铅合金中熔点最低的一种。

(2)提高机械强度。

锡和铅都是质软、强度低的金属，如果把两者熔为合金，机械强度就会得到很大的提高。一般来说，锡的含量约为 65%时，合金的强度最大(抗拉强度约为 5.5 kg/mm^2；剪切强度约为 4.0 kg/mm^2，约为纯锡的两倍。抗拉强度和剪切强度高，导电性能好，电阻率低。

(3)抗腐蚀性能好。

锡和铅的化学稳定性比其他金属好，抗大气腐蚀能力强，而共晶焊锡的抗腐蚀能力更好。

一个良好的连接点(焊点)必须有足够的机械强度和优良的导电性能，而且要在短时间内(通常小于 3 秒)形成。在焊点形成的短时间内，焊料和被焊金属会经历三个变化阶段：

①熔化的焊料润湿被焊金属表面阶段；

②熔化的焊料在被焊金属表面扩展阶段；

③熔化的焊料渗入焊缝，在接触界面形成合金层阶段。

其中润湿是最重要的阶段，没有润湿，焊接就无法进行。在焊接过程中，同样的工艺条件，会出现有的金属好焊，有的不好焊，这往往是由于焊料对各种金属的润湿能力不同而造成的。此外，被焊金属表面若不清洁，也会影响焊料对金属的润湿能力，给焊接带来不利。

2. 助焊剂

由于电子设备的金属表面与空气接触后都会生成一层氧化膜。温度越高，氧化越厉害。这层氧化膜阻止液态焊锡对金属的浸润作用，犹如玻璃上沾油就会使水不能浸润一样。助焊剂就是用于清除氧化膜，保证焊锡浸润的一种化学剂。

(1)助焊剂的作用。

①除去氧化物。助焊剂中的氯化物、酸类物质能够溶解氧化物，发生还原反应，从而除去氧化膜，反应后的生成物变成悬浮的渣，漂浮在焊料表面。

②防止工件和焊料加热时氧化。焊接时助焊剂先于焊锡之前熔化，在焊料和工件的表面形成一层薄膜，使之与外界空气隔绝，因而防止了焊接面的氧化。

③降低焊料表面的张力。使用助焊剂可以减小熔化后焊料的表面张力，增加焊锡流动性，有助于焊锡浸润。

(2)助焊剂的要求。

①常温下必须稳定，熔点应低于焊料，只有这样才能发挥助焊作用。

②在焊接过程中具有较高的活化性，表面张力、黏度、比重小于焊料。

③残渣容易清除。助焊剂都带有酸性，而且残渣影响外观。

④不能腐蚀母材。助焊剂酸性太强，就不仅会除氧化层，也会腐蚀金属，造成危害。

⑤不产生有害气体和臭味。

3. 阻焊剂

阻焊剂是一种耐高温的涂料，可将不需要焊接的部分保护起来，致使焊接只在所需要的部位进行，以防止焊接过程中的桥连、短路等现象发生，对高密度印制电路板尤为重要，可降低返修率，节约焊料，使焊接时印制电路板受到的热冲击小，板面不易起泡和分层。我们常见到的印制电路板上的绿色涂层即为助焊剂。

阻焊剂的种类有热固化型阻焊剂、紫外线光固化型阻焊剂和电子辐射固化型阻焊剂等几种，目前常用的是紫外线光固化型阻焊剂。

三、电子产品焊接技术

在电子工业生产中，随着电子产品的小型化、微型化的发展，为了提高生产效率，降低生产成本，保证产品质量，可采用自动化、机械化的锡焊技术对印制电路板进行流水线焊接。主要采用浸焊、波峰焊及再流焊等形式。

(一)浸焊技术

浸焊是将安装好元器件的印制电路板在熔化的锡锅里浸锡，一次完成印制电路板上众多焊点的焊接方式。它不仅比手工焊接效率高，而且可消除漏焊现象。浸焊有手工浸焊和机器浸焊两种。浸焊设备示意图如图 4.5 所示。

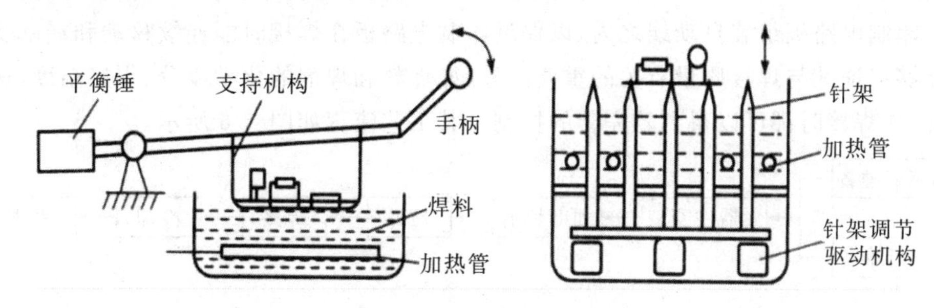

图 4.5　浸焊设备示意图

1. 手工浸焊

手工浸焊是由人手持焊接的印制电路板来完成的，其步骤如下：

(1)焊前应先将锡锅加热，使已熔化的焊锡达到 230 ℃～250 ℃为宜。注意为了去掉锡锅内锡层表面的氧化层，通常要在锡锅内随时加一些焊剂(通常使用松香粉)，以去除氧化层。

(2)在印制电路板上涂上一层助焊剂(一般是在松香酒精溶液中浸一下)，以去除印制电路板表面的氧化层。

(3)使用简单的夹具将插有元器件的待焊印制电路板夹着浸入锡锅中，使焊锡表面与印制电路板紧密接触，以保证每个焊接点都能浸锡。

(4)拿开印制电路板，待冷却后，检查焊接质量。个别未焊好的焊点，可用电烙铁手工补焊。

在将印制电路板放入焊锡锅时，一定要保持平稳，印制电路板与焊锡的接触要适当，因此，手工浸焊时要求操作者必须具有一定的操作技能。

2. 机器浸焊

机器浸焊是先将印制电路板装在具有振动头的专用设备上，然后再没入焊料中，这种浸焊的效果较好。尤其是焊接双面印制板时，能使焊料深入到焊接点的孔中，使焊接更牢固，并可振动掉多余的焊料。机器浸焊的步骤与手工浸焊基本相同，不同的是增加了振动这一步。将待焊器件浸入已经熔化的焊料槽内 2～3 s 后，开启振动器设备振动 2～3 s 便可获得良好的焊接效果。

使用锡锅浸焊，由于焊料易于形成氧化膜，需要及时清理才能得到较好的焊接效果。此外，焊料与印制电路板之间大面积接触，时间长、温度高，既容易损坏元器件，还容易使印制电路板产生变形。因此，机器浸焊技术一般采用得较少。

(二)波峰焊技术

波峰焊是在电子焊接中使用最广泛的一种焊接形式,其工作原理是:让插装有元器件的印制电路板与锡锅内已熔化焊料的波峰相接触,最终实现锡焊连接的一种方式。这种方法适用于成批量和大量一面插有分立元器件的印制电路板的焊接。通常将波峰焊设备安装在印制电路板组装自动线之内,以保证印制电路板在焊接时能连续移动和局部受热,并且能够保证凡与焊接质量有关的重要因素(如焊料和焊剂的化学成分、焊接温度、速度、时间等)在焊接时都可以得到较完善的控制。其工艺流程如图 4.6 所示。

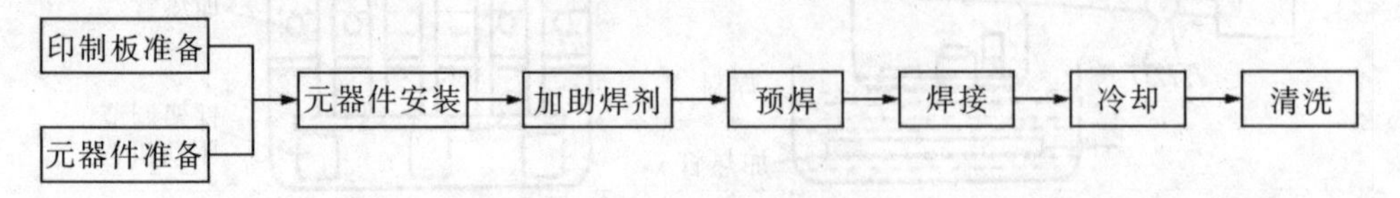

图 4.6 波峰焊工艺流程图

波峰焊按照工作原理可分为:单向波峰焊接(焊料向一个方向移动)和双向波峰焊接(焊料向两个方向移动)两大类。

1. 单向波峰焊接

焊料向一个方向流动的焊接形式称为单向波峰焊接。单向波峰焊接主要是由一个多波台阶流装置和焊料喷嘴来实现的,如图 4.7 所示。从图中可知,将已完成插件工序的印制电路板放在运动的导轨上,熔融的焊料由喷嘴喷出,流经多波台阶形成多个波峰至焊接电路板进行焊接。其特点是:由于焊料是单向流动及有多个波峰,相对而言,印制电路板与焊料接触的时间延长了,因此可提高焊接速度。

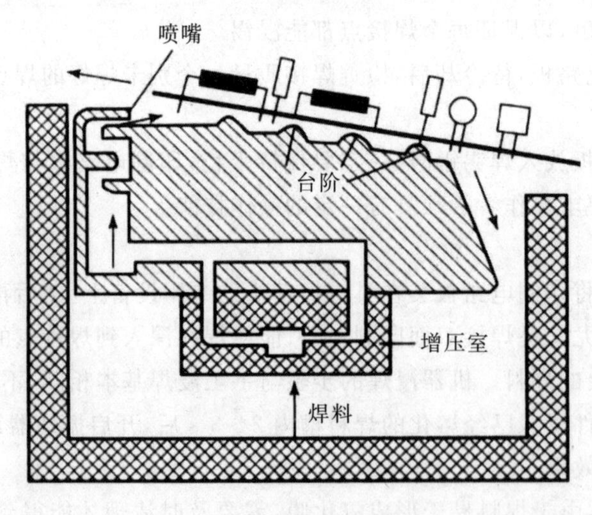

图 4.7 单向波峰示意图

2. 双向波峰焊接

双向波峰能使焊料向前、后两个方向流动,如图 4.8 所示,因此使焊料有一个相对于印制电路板速度为零的区域，故能使焊点拉尖现象得以消除。将已完成插装工序的印制电路板放在运动的导轨上，在焊料从增压室喷嘴喷出后，形成了双向波峰，通过接触印制电路板进行焊接。由于喷嘴内缓冲网的作用，焊料产生层流流动。为了不致产生过大的紊流，在喷嘴的两侧分别设置了侧板和闸门。同时，由于焊料从波峰流下来能直接经闸门进入焊料槽，所以能极大地减少锡渣的生成。

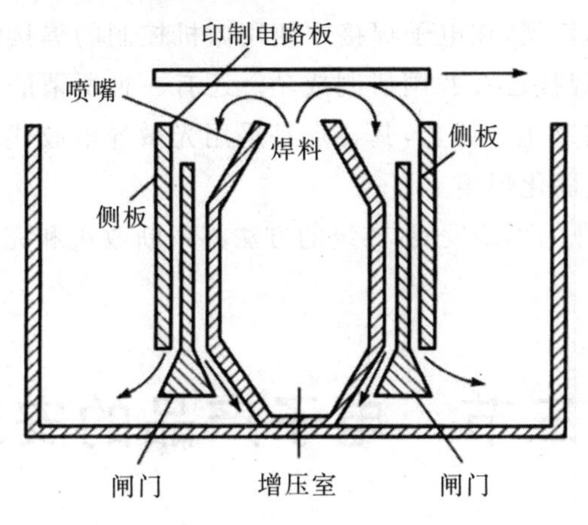

图 4.8　双向波峰示意图

(三)再流焊技术

再流焊也叫回流焊，是伴随着超大规模集成电路和微型电子元器件的出现而发展起来的一种新的焊接技术，目前主要应用于表面贴装片状元器件的焊接。其工作流程图如图 4.9 所示。

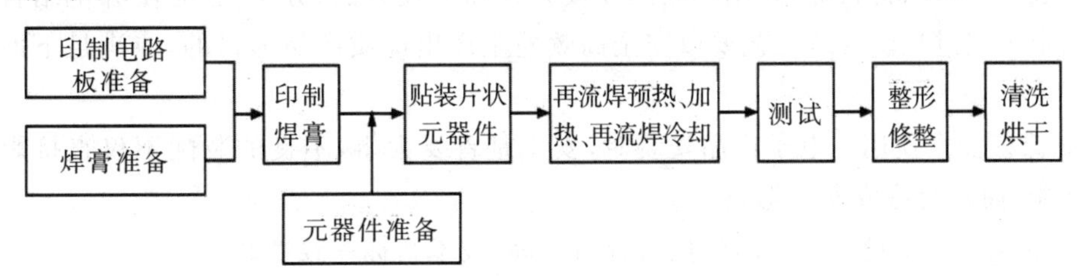

图 4.9　再流焊技术工艺流程图

在再流焊的工艺流程中，首先要将由锡铅焊料、黏合剂、抗氧化剂组成的糊状焊膏通过自动印制机或手工涂在印制电路板上，然后把元器件通过贴片机贴装到印制电路板的焊盘上。再通过输送带输送到再流焊炉中进行焊接并冷却，然后输送到检测台进行检测、修整并维修，检测无误后清洗并烘干，完成整个焊接过程。

特别注意：加热的温度必须依据焊锡膏的熔化温度曲线准确控制。加热炉内，一般可分为三个最基本的区域：预热区、再流焊区、冷却区，也可在温度系统的控制下，按照三个温度梯度的规律调节控制温度的变化。

(四)其他焊接方法

除了上述几种焊接方法以外,在微电子器件组装中,超声波焊、热超声金丝球焊、机械热脉冲焊都有各自的特点。如新近发展起来的激光焊,能在几毫秒的时间内将焊点加热到熔化而实现焊接,热应力影响之小,可以同锡焊相比,是一种很有潜力的焊接方法。

随着计算机技术的发展,在电子焊接中使用微机控制的焊接设备已进入实用阶段。例如,微机控制电子束焊接已在我国研制成功。还有一种所谓的光焊技术,已经应用在CMOS集成电路的全自动生产线上,其特点是采用光敏导电胶代替助焊剂,将电路芯片粘在印制片上用紫外线固化焊接。

今后,随着电子工业的不断发展,传统的方法将不断改进和完善,新的高效率的焊接方法也将不断涌现。

第三节 电子产品的安装

一、安装概述

(一)安装工艺的整体要求

一个电子整机产品的安装是一个复杂的过程,它是将品种及数量繁多的电子元器件、机械安装件、导线、材料等,采用不同的连接方式和安装方法,分阶段、有步骤地结合在一起的一个工艺过程。安装工艺要以安全高效地生产出优质产品为目的,应满足下面几点要求。

1. 保证安全使用。电子产品安装时,安全是首要大事,不良的装配不仅直接影响产品的性能,而且会造成安全隐患。

2. 确保安装质量。即成品的检验合格率高,技术指标一致性好。

3. 保证足够的机械强度。在电子产品中,特别是大型电子产品中,对于质量较大或比较重要的电子元器件、零部件,考虑到运输、搬动或设备本身带有活动的部分(如洗衣机、电风扇等),安装时要保证足够的机械强度。

4. 尽可能地提高安装效率,在一定的人力、物力条件下,合理安排工序和采用最佳操作方法。

5. 确保每个元器件在安装后能以其原有的性能在整机中正常工作。也就是不能因为不合格的安装过程而导致元器件的性能降低或改变参数指标。

6. 制定详尽的操作规范。对那些直接影响整机性能的安装工艺,尽可能采用专用工具进行操作。

7. 工序安排要便于操作,便于保持工件之间的有序排列和传递。在安装的过程中,要把大型元器件、辅助部件组合安装在机架或底板上，安装时遵循的原则是：先轻后重，先小后大，先铆后装，先装后焊，先里后外，先下后上，先平后高，上道工序不得影响下道工序，下道工序不得改动上道工序。

（二）安装的工艺流程

安装工艺因产品而异，没有统一的流程，可以根据具体产品来安排一定的工艺流程。如以印制电路板的流动为线索来表示某种电子产品安装的主要过程，还有大量细节以及辅助工作，如生产前各种设备的预热调试工作，各种辅料辅件、工模夹具的准备工作等。另外，安装的工艺流程要考虑到产品的安装效益。

（三）安装工艺中的紧固和连接

电子产品的元器件之间，元器件与机板、机架以及与外壳之间的坚固连接方式主要有焊接、压接、插装、螺装、铆接、粘接、卡口扣装等。

1. 焊接

焊接是电子产品中主要的安装方法，上一节已详细讲述。

2. 压接

压接是用专门的压接工具（如压接钳），在常温的情况下对导线、零件接线端子施加足够的压力，使本身具有塑性或弹性的导体（导线和压接端子）变形，从而达到可靠的电气连接。压接的特点是简单易行，无须加热，而且金属在受压变形时内壁产生压力而紧密接触，破坏表面氧化膜，产生一定的金属互相扩散，从而形成良好的连接；不需第三种材料的介入，压接点的电阻等器件很容易做得比焊接还低。

3. 插接

插接是利用弹性较好的导电材料制成插头、插座，通过它们之间的弹性接触来完成紧固。插接主要用于局部电路之间的连接以及某些需要经常拆卸的零件的安装。通常很多插接件的插接都是压接和插接的结合连接。插接安装时应注意如下几个问题。

（1）必须对号入座。设计时尽量避免在同一块印制板上安排两个或两个以上完全相同的插座，且不允许互换使用插座，否则安装时容易出错。万一有这种情形，安装或修理时就要特别留意。

（2）注意对准插座再插入插件。插件插入时用力要均衡，要插到位，插入时尽可能在插座的反面用手抵住电路板后再加力，以免电路板过度地弯折而受损。

（3）注意锁紧装置。很多插件都带有辅助的锁紧装置，安装时应该及时将其扣紧、锁死。

4. 螺装

用螺钉、螺母、螺栓等螺纹连接件及垫圈将各种元器件、零部件坚固安装在整机上各个位置上的过程，称为螺装。这种连接方式具有结构简单、装卸方便、工作可靠、易于调整等特点，在电子整机产品装配中得到了广泛应用。

电子产品中使用螺钉、螺母、螺栓时要注意以下问题。

(1)分清螺纹。要分清是金属螺纹还是木制螺纹,是英制螺纹还是公制螺纹,是精密螺纹还是普通螺纹,不同的螺纹安装方法会有所不同。

(2)选定型号。要选定具体采用哪一种型号的螺钉,是自攻螺钉还是非自攻螺钉,是沉头螺钉还是非沉头螺钉,各种型号之间是不能随便代用的。

(3)确定材质。确定用的是铜螺钉还是钢螺钉。如果用于电气连接的场合,往往采用铜螺钉,导电率高且不易生锈。当两个电接头的导电面可以直接相贴,电流可以不经螺杆时,则采用钢螺钉会有更好的结合强度。

(4)选好规格。坚固无螺纹的通孔零件时,让孔径比螺杆大10%以内为宜;螺钉长度以旋入四扣丝以上或露出螺母一扣丝、二扣丝为宜,过短不可靠,过长则影响外观,降低工作效率。

(5)加有垫圈。安装孔偏大或荷载较重时要加垫平垫圈;被压材质较脆时要加纸垫圈;电路有被短路的危险时要加绝缘垫圈;需耐受震动的地方必须加弹簧垫圈,弹簧垫圈要紧贴螺母或螺钉头安装;对金属部件应采用刚性垫圈。

(6)选好工具。起子或扳手的工作端口必须棱角分明,尺寸和形状都要与螺钉或螺母十分吻合;手柄要大小适度,电批和风批则要调好力矩。

(7)松紧方法。拧紧长方形的螺钉组时,须从中央开始逐渐向两边对称扩展。拧紧方形工件和圆形工件时,应交叉进行。无论装配哪一种螺钉组,都应先按顺序装上螺钉,然后分步骤拧紧,以免发生结构变形和接触不良的现象。用力拧紧螺钉、螺母、螺栓时,切勿用力过猛,以防止滑丝。拧紧或拧松螺钉、螺母或螺栓时,应尽量用扳手或套筒使螺母旋转,不要用尖嘴钳松紧螺母。

5. 铆接

铆接是指用各种铆钉将零件或部件连接在一起的操作过程。有冷铆和热铆两种方法。在电子产品装配中,常用铜或铝制作的各种铆钉,采用冷铆进行铆接。铆接的特点是安装坚固、可靠、不怕震动。铆接时的要求有:

(1)当铆接半圆头的铆钉时,铆钉头应完全平贴于被铆零件上,并应与铆窝形状一致,不允许有凹陷、缺口和明显的裂开;

(2)铆接后不应出现铆钉杆歪斜和被焊件松动的现象;

(3)用多个铆钉连接时,应按对称交叉顺序进行;

(4)沉头铆钉铆接后应与被铆面保持平整,允许略有凹下,但不得超过0.2 mm;

(5)空头铆钉铆紧后扩边应均匀、无裂纹,管径不应歪扭。

6. 粘接

粘接也称胶接,是将合适的胶粘剂涂敷在被粘物表面,因胶粘剂的固化而使物体结合的方法。粘接是为了连接异形材料而经常使用的。如陶瓷、玻璃、塑料等材料,均不宜采用焊接、螺装和铆装。在一些不能承受机械力、热影响的地方(如应变片)粘接更有独到之处。

形成良好的粘接有3个要素:适宜的粘接剂、正确的粘接表面处理和正确的固化方法。常用的胶粘剂有:快速黏合剂聚丙烯酸酯胶(501胶、502胶),环氧类黏合剂,导电胶、导磁胶、热熔胶、压敏胶和光敏胶等。

粘接与其他安装、连接方式相比，具有以下特点：

(1)应用范围广，任何金属、非金属几乎都可以用黏合剂来连接；

(2)粘接变形小，避免了铆接时受冲击力和焊接时受高温的作用，使工件不易变形，常用于金属板、轻型元器件和复杂零件的连接；

(3)具有良好的密封、绝缘、耐腐蚀的特性；

(4)用黏合剂对设备和零件、部件进行复修，工艺简单，成本低；

(5)粘接的质量的检测比较困难，不适宜于高温场合，粘接接头抗剥离和抗冲击能力差，且对零件表面洁净程度和工艺过程的控制比较严格。

7. 卡口扣装

为了简化安装程序，提高生产效率，降低成本，以及为了美观，现代电子产品中越来越多地使用卡口锁扣的方法代替螺钉、螺栓来装配各种零部件，充分利用了塑性和模具加工的便利。卡装有快捷、成本低、耐震动等优点。

二、电子产品安装工具

(一)各类钳子

1. 钢丝钳

钢丝钳主要用来剪切线缆、剥开绝缘层、弯折线芯、松动和紧固螺母等。图 4.10 所示为钢丝钳的外形结构，钢丝钳的钳头由钳口、齿口、刀口和铡口组成，钢丝钳的钳柄处有绝缘套保护。在钳柄的绝缘套上一般标记了钢丝钳的耐压值，若工作环境超出此耐压范围，切勿带电操作，否则会发生触电事故。使用钢丝钳修剪带电的线缆时，除了要查看绝缘手柄的耐压值外，还应检查绝缘手柄有无破损，以防触电。

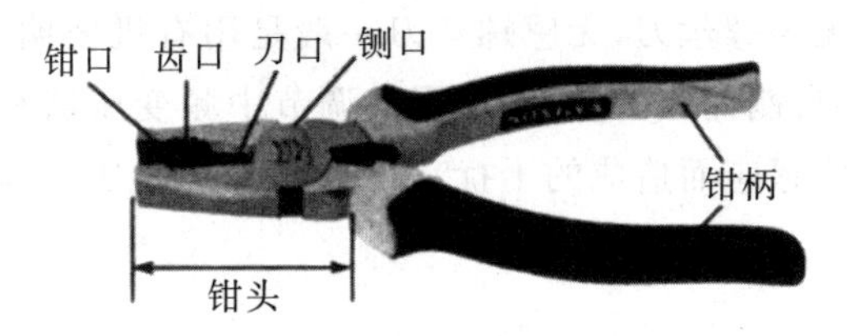

图 4.10　钢丝钳

2. 斜口钳

斜口钳用于剪焊接后的线头，也可与尖嘴钳合用剥导线的绝缘皮。斜口钳的钳头部位为偏斜式的刀口，这种偏斜式的刀口方便斜口钳贴近导线或金属的根部进行剪切。常见的斜口钳尺寸有 4 英寸(1 英寸＝2.54cm)、5 英寸、6 英寸、7 英寸及 8 英寸这 5 种尺寸。在实际操作中，切勿用斜口钳去剪切带电的双股导线，否则，可能会导致该线缆连接的设备短路而损坏。

3. 尖嘴钳

尖嘴钳和其他钳子相比,钳头部细而尖,可以在狭小的空间中进行操作,因此适用于夹小型金属零件和弯曲的元器件引线,特别是在拆装底板时,在人的手伸不进的部位进行操作,就必须使用尖嘴钳。尖嘴钳常用规格为4~5英寸,使用时注意不能用尖嘴钳敲打物体或夹持螺母;也不要用尖嘴钳夹捏或切割较大的物体,以防损坏钳口;切记不要将钳头对向自己,以防误伤。

4. 平嘴钳

平嘴钳钳口直平,可用于夹弯曲的元器件管脚或导线。因其钳口无纹路,所以适用于将导线拉直和整形。但平嘴钳的钳口较薄,不宜用来夹持螺母或需施力较大的部件。

5. 剥线钳

剥线钳主要用来剥去导线的绝缘层,用剥线钳剥出的线头整齐,不易断裂。常用两种剥线钳:一种是压线式剥线钳,上有0.5~4.5mm等多种型号导线的剥线槽。一种是自动剥线钳,其钳头分为左、右两端,一端的钳口为平滑端,用于卡紧导线;另一端的钳口有0.5~3mm等多种切口槽,用于剪切和剥落导线的绝缘层。

剥线钳在使用时只需将待剥皮的导线放入合适的槽口,同时将两钳柄合拢后放开,此时绝缘皮便会与芯线脱离。需注意的是,剥皮时不能将导线也剪断了。另外,剪口的槽合拢后应为圆形。

6. 压线钳

压线钳主要用来加工线缆与连接头。根据压接的连接件的大小不同,压线钳内置的压线孔直径大小也不一样。

(二)螺丝刀

螺丝刀有“一”字形和“十”字形两种,专用于紧固和拆卸螺钉。使用时,根据螺钉大小可选用不同规格的螺丝刀。但在拧时,不要用力太猛,以免螺钉滑丝。

此外,常见的还有无感螺丝刀,无感螺丝刀一般是用有机玻璃、胶木棒、不锈钢、木质或铜质材料等绝缘材料自制而成的,通常可用来调节中频变压器和振荡线圈中的中周磁芯,可避免调节时因人体感应而造成的干扰。自制无感螺丝刀时,应根据磁芯的尺寸来确定其尺寸大小。

(三)镊子

镊子是最常用的工具之一,它有尖嘴镊子和圆嘴镊子两种。电子元器件通常比较细小,装配空间也比较狭小,镊子此时就是手指的延伸。镊子的主要作用是夹持导线和元器件在焊接时移动。此外,用镊子夹持元器件焊接还起到散热的作用,如在焊接二极管和三极管时,为了保护器件不被高温损坏,焊接时可用镊子夹住管脚上方,帮助散热。

(四)锥子

锥子主要用来在纸板或薄胶木板上扎孔,和用来穿透电路板上被焊锡堵塞的元器件插孔。常见的锥子有塑料柄、木柄和金属柄几种，其中金属柄的锥头是可以更换的。

（五）毛刷和皮吹

毛刷是一种清除污垢的工具，一般用来清除电气设备上的灰尘、浮土等脏物，也可清理印制电路板上焊接的残渣。一般来说，可配备一只10mm左右宽的毛刷，或用排笔或文化用刷代替也可。皮吹又称为“皮老虎”，是一种利用气体来清除污垢的工具。凡用毛刷刷不到的地方，可用皮吹来对污垢进行清理。皮吹对于清理灰尘等悬浮的污垢比较有效。

（六）钢锉

钢锉可以用来锉平机壳开孔处、印制电路板切割边的毛刺和锉掉电烙铁头上的氧化物。钢锉质地硬脆且易断裂，因此在使用时，不允许将钢锉当作撬棒、锥子等其他工具使用。使用时先仅一面用，用时要尽量充分利用钢锉的全长，一面用钝后再用另一面，这样可以延长钢锉的使用寿命。

（七）热熔胶枪

热熔胶枪是专门用来加热熔化热熔胶棒的工具。热熔胶枪内部的发热元件是居里点不小于280 ℃的PTC陶瓷，带有紧固导热结构，热熔胶棒在加热腔中被加热熔化为胶浆后，用手扳动扳机，胶浆就会从喷嘴中挤出，以方便粘固物体。热熔胶的作用是用来粘固机壳、粘固印制电路板在机壳内部、或将电子元器件粘固在绝缘板上，用它来粘固物体比较灵活快捷，且拆装方便。但需注意不能用热熔胶粘接发热元器件和强震动的部件。

（八）热风枪

热风枪又称贴片电子元器件拆焊台，是专门用于表面贴片安装电子元器件（特别是多引脚的SMD集成电路）的焊接和拆焊。

三、电子产品安装的方法和原则

（一）电子产品安装的方法

组装在生产过程中要占去大量时间，因为对于给定的应用和生产条件，必须研究几种可能的方案，并在其中选取最佳方案。[①] 如表4.1所示，目前，电子产品的安装方法从安装原理上可以分为功能法、组件法和功能组件法三种。

① 李文军．电工基本技能应用与实践[M]．北京：北京理工大学出版社，2017：218.

表 4.1 电子产品的安装方法

安装方法	说明	应用场合
功能法	功能法是将电子设备的一部分放在一个完整的结构部件内。该部件能完成变换或形成信号的局部任务(某种功能),从而得到在功能上和结构上都已完整的部件,便于生产和维护	这种方法广泛用在采用电真空器件的产品上,也适用于以分立元件为主的产品上
组件法	组件法是制造出一些在外形尺寸和安装尺寸上都统一的部件,这时部件的功能完整性退居到次要地位。根据实际需要,组件法又可以分为平面组件法和分层组件法	这种方法广泛用于统一电气安装工作中并可以大大提高安装密度
功能组件法	功能组件法兼顾了功能法和组件法的特点	这种方法用以制造既能保证功能完整又有规范的结构尺寸的组件

(二)电子产品安装的原则

电子产品安装的基本原则是:先轻后重、先小后大、先铆后装、先里后外、先低后高,易碎后装,上道工序不能影响下道工序的安装、下道工序不改变上道工序。[①] 一般电子产品安装的流程如图 4.11 所示。

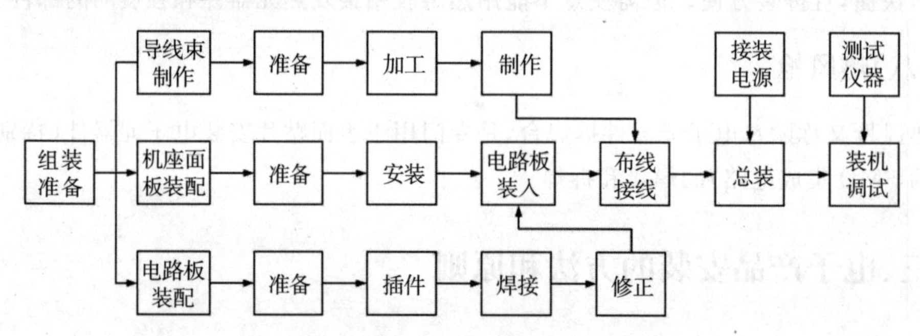

图 4.11 安装工艺流程

① 胡庆夕,赵耀华,张海光. 电子工程与自动化实践教程[M]. 北京:机械工业出版社,2020:4.

四、电子产品安装前的准备工作

(一)元器件的检查和筛选

准备元器件之前,最好对照电路原理图列出所需元器件的清单。为了保证在电子制作的过程中不浪费时间,减少差错,同时也保证制成后的产品能长期稳定地工作,待所有元器件都备齐后,还必须对其进行检查和筛选,具体内容如表 4.2 所示。

表 4.2　元器件的检查和筛选

序号	检查和筛选	说明
1	外观质量检查	拿到一个电子元器件之后,应看其外观有无明显损坏。如变压器,看其所有引线有无折断,外表有无锈蚀,线包、骨架有无破损等;对于三极管,看其外表有无破损,引脚有无折断或锈蚀,还要检查一下器件上的型号是否清晰可辨;对于电位器、可变电容器之类的可调元件,还要检查在调节范围内,其活动是否平滑、灵活,松紧是否合适,应无机械噪声,手感好,并保证各触点接触良好。各种不同的电子元器件都有自身的特点和要求,各位电子制作爱好者平时应多了解一些有关各元件的性能和参数、特点,积累经验
2	电气性能的筛选	要保证试制的电子产品能够长期稳定地通电工作,并且经得起应用环境和其他可能因素的考验,对电子元器件的筛选是必不可少的一道工序。所谓筛选,就是对电子元器件施加一种应力或多种应力试验,暴露元器件的固有缺陷而不破坏它的完整性。对于业余爱好者来说,在电子制作过程中,大多数情况下,采用自然老化的方式。例如使用前将元器件存放一段时间,让电子元器件自然地经历夏季高温和冬季低温的考验,然后再来检测它们的电性能,看是否符合使用要求,优存劣汰。对于一些急用的电子元器件,也可采用简易电老化方式,可采用一台输出电压可调的脉动直流电源,使加在电子元器件两端的电压略高于元件额定值的工作电压,调整流过元器件的电流强度,使其功率为 1.5～2 倍额定功率,通电几分钟甚至更长时间,利用元器件自身的特性而发热升温,完成简易老化过程

续表

序号	检查和筛选	说明
3	元器件的检测	经过外观检查以及老化处理后的电子元器件，还必须通过对其电气性能与技术参数的测量，以确定其优劣，剔除那些已经失效的元器件

(二)元器件的预处理

电子产品在安装过程中使用的元器件要考虑其通用性，或者由于包装、储藏的需要，采购来的元器件，其形态不会完全适合于安装的要求，因此，有些元器件在安装前必须进行预处理，具体内容如表 4.3 所示。

表 4.3 元器件的预处理

序号	元器件的预处理	说明
1	印制电路板(Printed Circuit Board Assembly, PCB)的预处理	电路板通常不需要处理即可直接投入使用。应检查板基的材质和厚度，铜箔电路腐蚀的质量，焊盘孔是否打偏，贯孔的金属化质量怎样，有的还需要进行打孔、砂光、涂松香酒精溶液等工作
2	元器件引脚的预处理	成形元器件的安装方式分为卧式和立式两种。卧式安装美观、牢固、散热条件好、检查辨认方便；立式安装节省空间、结构紧凑，只是电路板的安装面积受限制，一般在不得已情况下才采用。集成电路的引脚一般用专用设备进行成形，双列直插式集成电路引脚之间距离也可利用平整桌面或抽屉边缘，手工操作来调整
3	元器件引脚上锡	由于某些元器件的引脚或由于材料性质，或因长时间存放而氧化，可焊性变差，必须去除氧化层，上锡(亦称搪锡)后再装，否则极易造成虚焊。去除氧化层的方法有多种，但对于少量的元器件，用手工刮削的办法较为易行可靠

(三)导线的加工

每个电子产品都会使用到绝缘导线，以便通过绝缘导线中的芯线，对电路中的某些元器件进行连接，从而使之符合电子产品电路的设计要求。导线加工工具主要有剥线钳、剪刀、尖嘴钳和斜口钳。

1. 绝缘导线加工的步骤及方法

绝缘导线加工的步骤及方法如表 4.4 所示。

表 4.4　绝缘导线加工的步骤及方法

序号	步骤	方法
1	剪裁	根据连接线的长度要求，将导线剪裁成所需的长度。剪裁时，要将导线拉直再剪，以免造成线材的浪费
2	剥头	将绝缘导线去掉一般绝缘层而露出芯线的过程叫剥头。剥头时，要根据安装要求选择合适的剥点。剥头过长会造成线材浪费，剥头过短，会导致不能用
3	捻头	将剥头后剥出的多股松散的芯线进行捻合的过程叫捻头。捻头时，应用拇指和食指对其顺时针或逆时针方向进行捻合，并要使捻合后的芯线与导线平行，以方便安装。捻头时，应注意不能损伤芯线
4	涂锡(搪锡)	将捻合后的芯线用焊锡丝或松香加焊锡进行上锡处理(叫涂锡)。芯线涂锡后，可以提高芯线的强度，更好地适应安装要求，减少焊接时间，保护焊盘焊点

2. 绝缘导线加工的技术要求

绝缘导线加工的技术要求如下：

(1)不能损伤或剥断芯线；

(2)芯线捻合要又紧又直；

(3)芯线镀锡后，表面要光滑、无毛刺、无污物；

(4)不能烫伤绝缘导线的绝缘层。

五、电子产品安装技术与技巧

(一)元器件的安装

电路板上元器件的安装次序应该以前道工序不妨碍后道工序为原则，一般是先装低矮的小功率卧式元器件，然后装立式元器件和大功率卧式元器件，再装可变元器件、易损元器件，最后装带散热器的元器件和特殊元器件。

插件次序是：先插跳线，再插卧式 IC 和其他小功率卧式元器件，最后插立式元器件和大功率卧式元器件；而开关、插座等有缝隙的元器件以及带散热器的元器件和特殊元器件一般都不插，留待上述已插元器件整体焊接以后再由手工分装来完成。

(二)面包板的安装

面包板是专为电子电路的无焊接实验设计制造的。由于使用面包板搭接电路时，各种电子元器件可根据需要随意插入或拔出，免去了焊接，节省了电路的安装时间，而且元件可以重复使用，因此非常适合电子电路的安装、调试和训练。

1. 面包板的结构

SYB－120 型面包板插座板中央有一凹槽，凹槽两边各有 60 列小孔，每一列的 5 个小孔在电气上相互连通。集成电路的引脚就分别插在凹槽两边的小孔上。插座上、下边各一排(即 X 和 Y 排)在电气上是分段相连的 50 个小孔,分别作为电源与地线插孔用。对于 SYB-120 插座板,X 和 Y 排的 1～15 孔、16～35 孔、36～50 孔在电气上是连通的,但这 3 组之间是不连通的,若需要连通,必须在两者之间跨接导线。

目前,面包板有很多种规格。但不管是哪一种,其结构和使用方法大致相同,即每列 5 个插孔内均用一个磷铜片相连。这种结构造成相邻两列插孔之间分布电容大。因此,面包板一般不适用于高频电路实验中。

2. 安装工具和导线

面包板安装时所需的工具主要有剥线钳、斜口钳、扁嘴钳和镊子。斜口钳与扁嘴钳配合用来剪断导线和元器件的多余引脚。斜口钳的刃面要锋利,将钳口合上,对着光检查时应合缝不漏光。剥线钳用来剥离导线的绝缘皮。扁嘴钳用来弯直和理直导线,钳口要略带弧形,以免在勾绕时划伤导线。镊子是用来夹住导线或元器件的引脚送入面包板指定位置的。

面包板宜使用直径为 0.6 mm 左右的单股导线。根据导线的距离以及插孔的长度剪断导线,要求线头剪成 45°。斜口,线头剥离长度约为 6 mm,要求全部插入底板以保证接触良好,裸线不宜露在外面,防止与其他导线短路。

3. 电路的布局与布线

为避免或减少故障,面包板上的电路布局与布线,必须合理而且美观。实践证明,虽然元器件完好,但由于布线不合理,也可能造成电路工作失常。这种故障不像脱焊、断线(或接触不良)或器件损坏那样明显,多以寄生干扰形式表现出来,很难排除。

(三)万能板的安装

1. 万能板的分类及特点

目前市场上出售的万能板主要有两种:一种是焊盘各自独立的,简称单孔板;另一种是多个焊盘连在一起的,简称连孔板。单孔板又分为单面板和双面板两种:万能板按材质的不同,又可以分为铜板和锡板。不同种类万能板的分类、特点及应用如表 4.5 所示。

表 4.5 万能板的分类、特点及应用

分类	特点及应用
单孔板	单孔板较适合数字电路和单片机电路,因为数字电路和单片机电路以芯片为主,电路较规则
连孔板	连孔板则更适合模拟电路和分立电路,因为模拟电路和分立电路往往较不规则,分立元件的引脚常常需要连接多根线,这时如果有多个焊盘连在一起就要方便一些
铜板	铜板的焊盘是裸露的铜,呈现金黄色,平时应该用报纸包好保存以防止焊盘氧化,万一焊盘氧化了(焊盘失去光泽、不好上锡),可以用棉棒蘸酒精清洗或用橡皮擦拭

续表

分类	特点及应用
锡板	焊盘表面镀了一层锡的是锡板，焊盘呈现银白色，锡板的基板材质要比铜板坚硬，不易变形

2. 万能板的焊接

(1)焊接前的准备。

在焊接万能板之前需要准备足够的细导线用于走线。细导线分为单股的和多股的：单股硬导线可将其弯折成固定形状，剥皮之后还可以当作跳线使用；多股细导线质地柔软，焊接后显得较为杂乱。万能板具有焊盘紧密等特点，这就要求烙铁头有较高的精度，建议使用功率为 30 W 左右的尖头电烙铁。同样，焊锡丝也不能太粗，建议选择线径为 0.5～0.6 mm 的焊锡丝。

(2)万能板的焊接方法。

万能板的焊接方法一般是利用细导线进行飞线连接的，飞线连接没有太大的技巧，但要尽量做到水平和竖直走线，整洁清晰。还有一种方法叫作锡接走线法，这种方法工艺不错，性能也稳定，但比较浪费锡。而且纯粹的锡接走线难度较高，受到锡丝、个人焊接工艺等各方面的影响。如果先拉一根细铜丝，再随着细铜丝进行拖焊，则简单许多。

3. 万能板的焊接技巧

很多初学者焊的板子很不稳定，容易短路或断路。除了布局不够合理和焊工不良等因素外，缺乏技巧是造成这些问题的重要原因之一。掌握一些技巧可以使电路的复杂程度大大降低，减少飞线的数量，让电路更加稳定。表 4.6 列出了万能板的焊接技巧。

表 4.6 万能板的焊接技巧

序号	焊接技巧	说明
1	初步确定电源、地线的布局	电源贯穿电路始终，合理的电源布局对简化电路起到十分关键的作用。某些万能板布置有贯穿整块板子的铜箔，应将其用作电源线和地线；如果无此类铜箔，则需要对电源线、地线的布局有个初步的规划
2	善于利用元器件的引脚	万能板的焊接需要大量的跨接、跳线等，不要急于剪断元器件多余的引脚，有时候直接跨接到周围待连接的元器件引脚上会事半功倍。另外，本着节约材料的目的，可以把剪断的元器件引脚收集起来作为跳线用
3	善于利用排针	排针有许多灵活的用法。比如两块板子相连，就可以用排针和排座，排针既起到了两块板子间的机械连接作用，又起到电气连接的作用
4	充分利用双面板	双面板的每一个焊盘都可以当做过孔，灵活实现正反面电气连接
5	充分利用板上的空间	芯片座里面隐藏元件，既美观又能保护元件
6	跳线技巧	当焊接完了一个电路后发现某些地方漏焊了，但是漏焊的地方却被其他焊锡阻挡了，则应该用多股线在背面跳线；如果是焊接前就需要跳线，那么可用单股线在万能板正面跳线

另外，充分利用芯片座内的空间隐藏元件，可以有效节省空间。

第四节 电子产品的检测

检测归属于电子产品检验，将不同的检测设备配备到生产线的不同工位上进行监测，可以提高整机制造的直通率。不断增加的印制电路板组件（Printed Circuit Board Assembly，PCBA）的复杂度和密度推动了各种检测技术的发展。

一、电子产品检测的分类

（一）按检测对象分类

按检测对象分元器件检测、印制电路板检测、工艺材料检测、印制电路板组件检测、其他部件检测、整机检测。印制电路板生产后进行的检测叫裸板测试；印制电路板安装工艺完成后进行的检测，又叫加载测试，比裸板测试复杂。

（二）按检测方法分类

根据检测方法不同分非接触式检测和接触式检测。非接触式检测包括目测法、自动光学检测 AOI（Automated Optical Inspection）、自动 X 光检测 AXI（Automated X－ray Inspection，AXI）、超声波检测等；接触式检测包括在线检测 ICT（In－Circuit Test）、功能测试 FCT（Functional Circuit Test）。

（三）按检测方式分类

按检测方式分人工检测（目测法）和机器检测，机器检测又分离线检测和在线检测。离线检测，检测是一个独立工序；在线检测，检测是生产流程一部分。机器检测主要有自动光学检测（AOI）、自动 X 射线检测（AXI）、激光/红外线组合式检测、超声波检测等。

（四）按应用不同分类

根据应用不同分工艺检测 SPT（Structural Process Test）、电气测试 EPT（Electronical Process Test）和实验分析。电气测试 EPT 分在线检测、功能测试、边界扫描、故障分析、集成系统等。

二、工艺检测

安装工艺检测是印制电路板组件最基本的底层检测，也称为连续性检测，它只检测 PCBA 表面质量。即有没有漏装、错装、方向装反等安装问题，以及是否有桥接、立片、虚焊等各种焊接缺陷。它除人工目视检测外，主要有三种机器检测方式：激光/红外线组合式检测、自动光学检测（AOI）和自动 X 射线检测（AXI）。激光/红外线组合式检测由于其性价比不如 AOI，实际生产中应用较少。

人工目测法（Manual Visual Inspection，MVI）指直接用肉眼或借助放大镜、显微镜等工具检查安装质量的方法。该方法投入少，无须进行测试程序开发，但速度慢，主观性强，需要直观目视被检区域，对于细间距微型元器件、隐藏焊点，由于人的眼力所限，往往很难检测，甚至检测不出。自动光学检测（AOI）与自动 X 射线检测（AXI）是近年在电子安装中应用较多的两种 PCBA 安装工艺检测设备，特别是用 AOI 代替人工目视检测，对于提高生产效率、提高产品质量具有重要意义。

（一）自动光学检测

1. 原理

自动光学检测作为“基于机器视觉的新型测试技术”[①]，是采用一组不同波长可见光组成光源系统，通常是红、绿、蓝三种光组合成环型，它们照射到被检测物体上，例如 PCBA 上，不同材料、不同形状和表面的元器件、焊点等对不同波长光线反射不同，这些信息通过高质量、高清晰度 CCD 摄像系统采集，然后送到图像处理系统和计算机系统进行分析、比较和判断，从而检测出 PCBA 的缺陷。

2. 方法

对 AOI 来说，灯光是认识影像的关键因素，但光源受环境温度、AOI 设备内部温度上升等因素的影响，不能维持不变的光源，需要通过“自动跟踪”灯光的“透过率”对灯光变化进行智能控制。AOI 检查是利用 LED 灯光代替自然光，用光学透镜和 CCD 代替人眼，把从物体反射回来的光源量与已经编好的标准进行比较、分析和判断。[②] 图像处理部分需要很强的软件支持，各种缺陷需要不同的计算方法用计算机进行计算和判断，计算方法有黑/白、求黑占白的比例、彩色、合成、求平均、求和、求差、求平面、求边角。检测方法有彩色图像统计分析、字符识别（Optical Character Recognition，OCR）、IC 桥接分析、颜色分析、相似性分析、黑白比例分析、亮度分析、非线性颜色分析等，检测元器件最小可做到 1005 矩形片式元件、IC 脚间距 0.3 mm。

3. 发展

AOI 正在向内嵌技术方面发展，将检验技术植入安装设备的运行程序中，使其具有视觉验证能力，能够大幅降低安装外围成本、占地面积，提高投资回报率。

目的：代替人工目视检测的安装工艺检测，主要检测元器件安装的正确性和从焊点外观判断焊接质量，监控具体生产状况，并为生产工艺的调整提供必要的依据，各种档次和复杂度的产品都适用，因此检测速度与准确性是关键。

---

① 冯平，程涛．PCB 自动光学检测数字图像处理技术[M]．成都：西南交通大学出版社，2018：3.

② 高先和，卢军．表面贴装技术（SMT）及应用[M]．合肥：中国科学技术大学出版社，2018：94.

4. AOI 技术应用

PCB 光板检测、焊膏印刷质量检测、组件检验、焊点检测等功能。PCB 光板检测、焊点检测大多采用相对独立的 AOI 检测设备;焊膏印刷质量检测、组件检验一般采用与焊膏印刷机、贴片机相配套的 AOI 系统,进行实时检测。

PCB 光板检测项目有缺口及直径减小、针孔、压线、凹陷、凸出等焊盘缺陷,搭线、断线、线宽/线距、缺口、凸出、凹陷、铜渣、针孔、尺寸或位置错误、孔堵塞等线条缺陷。

焊膏印刷质量检测项目有厚度、偏移、边缘塌陷等。

贴装机后、焊接前,检验项目有元器件丢失、型号错误、极性错误、元器件贴反(如电阻翻面)、竖碑、引脚共面性和残缺、对中状况、贴片压力过大造成锡膏图形间连接等。

贴装件检测项目有错件、移位、贴反(如电阻翻面)、丢失、极性错等。

焊点检测项目有焊点润湿度、锡量多、锡量少、漏焊、虚焊、桥接、焊球、竖碑等。

5. 特点

高速检测能跟上生产节拍、编程快捷、高精度、高可靠性、用显示器显示错误或用墨水标记缺陷以便维修人员修整、提供过程跟踪和控制信息,但不能检测电路错误,不能检测不可见焊点。

(二)自动 X 射线检测

1. 原理

AXI 采用不可见的 X 射线作为光源,X 射线由一个微焦点 X 射线管产生,穿过管壳内的一个玻璃窗,并投射到被检测物体上(通常称为样品或样件)。样品对 X 射线的吸收率或透射率取决于样品所包含材料的成分与比例。穿过样品的 X 射线轰击到成像器(X 射线敏感板上的磷涂层),并激发出光子,这些光子随后被 CCD 摄像机探测到。由于焊点中含有可以大量吸收 X 射线的铅,因此,与玻璃纤维、铜、硅等其他材料的 X 射线相比,照射在焊点上的 X 射线被大量吸收呈黑点产生良好图像。

2. 方法

2D 检测法:对于单面板上的元器件焊点可产生清晰的视像,但对于目前广泛使用的双面贴装线路板,效果就会很差,会使两面焊点的视像重叠而极难分辨。

3D 检验法:采用分层技术,即将光束聚焦到任何一层,并将相应图像投射到——高速旋转层,使位于焦点处的图像非常清晰,而其他层上的图像则被消除。3D 检验法可以测通孔焊点,检查通孔中焊料是否充实;可以检测出高度,如焊膏的厚度、元件的高度以及焊锡的高度等。

3. 目的

解决人工目视无能为力的内部透视,其目的主要检测底部引线元器件及 PCB 内层等部位的焊接质量,从而为这些元器件安装工艺的调整提供依据,多用于中高端复杂产品,重点在于产品可靠性,因而检测的精确度和分辨率是关键。

4. 应用

由于 AXI 成本高和安全性问题,目前 AXI 应用主要是中高端产品和研究开发机构。

随着 AXI 技术需要的数字相机的成本正在迅速降低，以及处理器和存储器芯片价格的降低，底部引线元器件和多层板高密度安装产品应用越来越广泛，以及元器件嵌入 PCB、逆序安装等新技术的应用，对 AXI 的需求会越来越多。

5. 优点

对工艺缺陷的覆盖率高，可检查的缺陷包括虚焊、桥接、立碑、焊料不足、气孔、空洞等，尤其是焊点隐藏的元器件；检测范围广，能检测到其他测试手段无法可靠探测到的缺陷，如虚焊等；测试的准备时间短；对双面板和多层板只需一次检查(带分层功能)；可三维显示内部焊点；AXI 板面越大越复杂，AXI 在经济上的回报就越大。

6. 缺点

价格是其他 AOI 纯光学检测系统的 3～4 倍；X 射线强大的穿透力对人类健康有危害；X 射线检测对相关人员经验和技术水平要求较高，检测精确度和应用水平存在人为因素的影响；AXI 的 3D 检验法，技术处理较难，对编程要求较高。

(三)激光/红外线组合式检测

1. 原理

通过激光光束对被测物进行照射，利用被测试物表面对激光光束吸收率的不同而产生温度变化，通过红外线温度检测来实现对印制电路板组件的自动检测。

2. 应用

红外线检测系统可以同时检测焊点的表面和部分内部缺陷，与 AOI 相比有一定优势。但这种检测方式由于温度变化需要一定时间而影响检测速度，因此，在生产实际中应用较少。

(四)超声波检测

也叫超声检测、超声波探伤，是一种无损检测。

1. 原理

这种方法的原理是“利用材料的超声波波速与其物理特性之间的关系”①，利用超声波束能透入金属材料的深处，由一截面进入另一截面时，在界面边缘发生反射的特点来检测焊点的缺陷，将遇到缺陷及焊点底部反射波束收集到荧光屏上形成脉冲波形，根据波形的特点来判断缺陷的位置、大小和性质。

2. 特点

测厚度大、灵敏度高、指向性好、检测速度快、安全性好、成本低、应用广泛，但缺陷显示不直观，技术要求高，要求富有经验的检验人员才能辨别缺陷种类。

① 王春来，刘建坡，李佳洁．现代岩土测试技术[M]．北京：冶金工业出版社，2019：46.

三、电气检测

(一)在线检测

1. 在线检测仪简介

也称为制造缺陷分析仪(Manufacturing Defect Analyzer,MDA),是通过对在线元器件的电性能及电气连接进行测试来检查生产制造缺陷及元器件不良的一种标准测试手段。在线检测仪内部测量仪器模块和被测试节点,通过探针连接,每个测试仪内部有两组控制开关,一组连接任一测试点和测量总线;另一组连接测量总线和测量仪表模块。它主要检查在线的单个元器件以及各电路网络的开、短路情况,具有操作简单、快捷迅速、故障定位准确等特点。它分针床式和飞针式,由于飞针式检测仪具有成本和灵活性方面优势,目前应用较多。

2. 在线检测的基本工作原理。

(1)开路及短路测试原理。

把两测试针之间的阻抗值分为四个区间:≥5,5~25,25~55,>55。将小于25Ω的点自动聚集成不同的短路群。开路测试时,在任一短路群中任何两点的阻抗不得大于55Ω,否则判定开路测试不良;短路测试时,若有以下其中之一的情况发生,则判定短路测试不良:一在短路群中任何一点与非短路群中任一点的阻抗小于5Ω;二不同短路群中任意两点的阻抗小于5Ω;三非短路群中任意两点的阻抗小于5Ω。

(2)电路隔离测试技术。

使用一只高输入电阻的集成运放在被测电路中适合的电路支点上施加等电势电压,从而去除由于电势不等造成的流过被测对象电流值变化,以实现精确测试。

3. 在线检测技术参数

最大测试点数、可测试的元器件种类、测试速度、测试范围、测试电压、测试电流、测试频率、测试印制电路板尺寸。

4. 针床式在线检测和飞针式在线检测。

(1)针床式在线检测。

针床上有数百到数千弹性小针(探针),测试时随着针床所有探针同时触及测试点进行测试。分通用针床检测和专用针床检测。通用针床检测采用网格矩阵针床结构,网格节点尺寸已由2.54 mm走向1.27 mm,0.635 mm,0.50 mm,甚至小到0.30 mm,但是这种尺寸故障率高,已到了极限;专用针床检测采用按PCB所需测试点与开关电路卡连接,但必须制作专用的测试夹具。同样地存在着高密度化带来的测试极限和损伤测试点问题。

针床式在线检测的探针具由针杆、针管、弹簧和套管组成,针杆头有多种形状和尺寸,针杆、针管采用铜材料并镀金,一端与被测电路板相连,要求针尖与板面测试点的接触压力大于2.5kN,方能保证接触良好,另一端与开关电路卡连接。

针床式在线检测仪的优点：故障诊断能力强、速度快、测试结果一致、可靠性高、操作容易。

针床式在线检测仪的缺点：探针会对测试点造成损伤，每种电路板都需要专用夹具，需要较多编程与调试时间，对高密度板存在精度问题，对小批量多品种生产使用成本较高，缺乏柔性。

(2)飞针式在线检测。

飞针式在线检测用探针来代替针床。工作时根据预先编排的坐标位置程序移动测试探针到测试点处，与之接触，根据测试程序进行测试。

飞针式在线检测与针床式在线检测仪相比，在测试精度、最小测试间隙等方面均有较大幅度提高，并且无须制作专门的针床夹具，测试程序可直接由线路板的计算机辅助设计软件得到。它在线检测灵活性好，适应多品种小批量检测。其主要缺点为：测试速度低；故障覆盖面有限，也存在着碰伤测试点的问题。

(3)飞针检测和针床检测的互补。

目前的针床检测仪只适用于低频频段，在射频频段探针将变成小天线，产生大量的寄生干扰，影响测试结果的可靠性。飞针在线测试仪的探针数很少，较容易采取减少射频干扰，实现射频的在线测试，但覆盖率低。考虑合并飞针和针床技术，在同一台在线检测仪内融合飞针和针床结构，使其优势互补，可以达到提高测试速度、降低编程难度、降低成本的目的。

(二)功能测试

对测试目标板提供模拟的运行环境(激励和负载)，使其工作于各种设计状态，对目标板加载合适的激励，测量输出端响应是否合乎要求。它按自动化程度不同，可以分为手动、半自动和全自动；按设备分为模型测试系统、测试台、专用测试设备、自动测试设备；依据控制方式分 MCU(Micro Controller Unit，微控制单元)控制、嵌入式 CPU(Central Processing Unit，中央处理器)控制、PC(Programmable Controller，可编程序控制器)控制、PLC(Programmable Logic Controller，可编程逻辑控制器)控制等。

(三)边界扫描测试

是一种可测试结构技术，它采用集成电路的内部外围所谓的“电子引脚”(边界)模拟传统的在线测试的物理引脚，对器件内部进行扫描测试。它可以消除或极大地减少对印制电路板上物理测试点的需要，从而使得印制电路板布局更简单、测试夹具更廉价、电路中的测试系统耗时更少。

第五章　印制电路板的设计与制作研究

印制电路板是电子产品中的重要组件之一，从家用电器、通信电子设备、武器装备到宇宙飞船，任何一台电子设备都离不开印制电路板。各领域电子设备的电子器件相互之间的电气连接，必须使用印制电路板来实现。因此，掌握印制电路板的设计与制作方法是非常必要的。本章就从印制电路板的基本概述和设计与制作三方面进行详细叙述。

第一节　印制电路板概述

一、印制电路板的定义

印制电路板是指在绝缘基板上，有选择地加工安装孔、连接导线和装配电子元器件的焊盘，以实现元器件间的电气连接的组装板。[①] 印制电路板有一个常用名称叫作 PCB(Printed Circuit Board)。常见的 PCB 主要是由绝缘底板、连接导线和装配焊接电子元器件的焊盘组成，具有导电线路和绝缘底板的双重作用，简称印制板。PCB 是在覆铜板上完成印制线路图形工艺加工的成品板，它起电路元件和器件之间的电气连接的作用。

(一)印制电路板的相关概念

印制电路板由印制电路和基板两部分组成，其相关的基本概念如下：

1. 印制

利用一定的方法，在某个表面上再现图形和符号的工艺。

2. 印制线路

利用印制法在基板上制成的具有一定连接关系的导电图形，主要包括印制导线、焊盘等。

---

① 黄松，胡薇，殷小贡．电子工艺基础与实训[M]．武汉：华中科技大学出版社，2020：32.

3. 印制元件

利用印制法在基板上制成的电路元件,如电感、电容等。

4. 印制电路

利用印制法得到的电路,包括印制线路和印制元件以及由二者构成的电路。

5. 敷铜板

由绝缘基板和粘敷在上面的铜箔构成,是制造印制电路板的基板材料。

6. 印制电路板

印制了电路或印制线路并加工后的板子,简称印制板,如图 5.1 所示。

图 5.1　印制电路板

7. 印制电路板组件

安装了元器件或其他部件的印制板。

8. 阻焊层

为使板面得到保护,确保焊接的准确性,在板面涂敷的一层绿色或棕色的阻焊涂料,这一层就称为阻焊层。阻焊涂料分为热固化型和光固化型两种。

9. 丝网印刷层

在印制电路板元件面阻焊层上印制的文字标记、元件序号等。丝网印刷层也被称作图标面,通常为白色。

(二)印制电路板的优点

1. 规格便于统一,成品率高。
2. 减少布线和装配错误。
3. 能实现自动化生产。
4. 降低电子设备价格及成本。
5. 实现电子设备小型化、轻量化等。

二、印制电路板的材料

其主要由增强材料、铜箔、黏合剂三部分构成。

1. 增强材料主要有：纸，玻璃布、合成纤维。

2. 铜箔铜纯度不低于99.8%，厚度均匀。通常采用35～50μm厚的铜箔。

3. 黏合剂主要有酚醛、环氧树脂、聚四氟乙烯和聚酰亚胺等。

电路板材料的特点与应用见表5.1所示。

表5.1 电路板材料的特点与应用

敷铜板名称	标称厚度	铜箔厚度(μm)	特点	应用
酚醛纸质敷铜	1.0，1.5，2.0，2.5，3.0，3.2，6.4	33～50	价格低，阻燃强度低，易吸水，不耐高温	中低档民用产品
环氧纸质敷铜	1.0，1.5，2.0，2.5，3.0，3.2，6.4	35～70	价格高于酚醛纸板，机械强度、耐高温和潮湿性较好	工作环境好的仪器、仪表，及中档以上民用产品
环氧玻璃布敷铜板	0.2，0.3，0.5，1.0，1.5，2.0，3.0，5.0，6.4	35～50	价格较高，性能优于环氧纸质板，且基板透明	工业、军用设备以及较高档的民用产品
聚四氟乙烯敷铜板	0.25，0.3，0.5，0.8，1.0，1.5，2.0	35～50	价格高，介电常数低，耐高温，耐腐蚀	微波、高频、电器、航天航空、导弹、雷达等
聚酰亚胺柔性敷铜板	0.2，0.5，0.8，1.2，1.6，2.0	35	具有可挠性，重量轻	民用及工业电器、计算机、仪器仪表等

三、印制电路板的分类

印制电路板按其结构可分为以下5种。

(一)单面印制电路板

单面印制板就是在一个面上有印制电路的印制板。通常是用酚醛纸基单面覆铜板，通过印制和腐蚀的方法，在绝缘基板覆铜箔一面制成印制导线。即在最基本的PCB上，零件集中在其中一面，导线则集中在另一面上。因为导线只出现在其中一面，所以就称这种PCB为单面板。[①] 单面板在设计线路上有许多严格的限制(因为只有一面，布线间不能交叉)，在早期简单的电子产品中使用较多，它适用于对电性能要求不高的收音机、收录

① 张建强，赵颖娟，王聪敏．电子电路设计与实践[M]西安：西安电子科技大学出版社，2019：84.

机、电视机、仪器和仪表等。但随着电子产品复杂度的提高，这种印制板在高精度复杂的电子产品中已不常用。初学者进行电子制作时，由于使用的元器件不多，大多采用单面板来完成。

(二)双面印制电路板

双面印制板就是指在印制板正反两面都有导电图形的印制电路板。通常采用环氧树脂玻璃布铜箔板或环氧酚醛玻璃布铜箔板。[①] 这种电路板的两面都有布线。不过要用上两面的导线，必须要在两面间有适当的电路连接才行。这种电路间的“桥梁”被称作导孔或过孔。导孔是在 PCB 上充满或涂上金属的小洞，它可以与两面的导线相连接。因为双面板的面积比单面板大了一倍，而且因为布线可以互相交错(可以绕到另一面)，其布线密度比单面板高，使用更为方便。它适用于对电性能要求较高的通信设备、计算机、仪器和仪表等。

(三)多层印制电路板

多层印制板是指由三层或三层以上导电图形构成的印制电路板。它通常是将导电图形与绝缘材料层交替层(每层厚度在 0.4mm 以下)压合成的。在多层板中，各层导线的电气连接采用埋孔和盲孔技术来解决。安装元器件的孔需经金属化处理，使之与夹在绝缘基板中的印制导线沟通。广泛使用的有 4 层、6 层、8 层，更多层的也有使用。多层印制板实现了在单位面积上更复杂的电气连接，与集成电路配合，提升了电子产品的集成度，缩短了信号的传输距离，减少了元器件的焊接点，降低了故障率，有效地降低了信号的干扰，提高了整机的可靠性。

(四)软性印制电路板

软性印制电路板也称为柔性印制电路板，是以软层状塑料或其他软质绝缘材料为基材制成的印制电路板。它可以分为单面、双面和多层三大类。此类印制电路板除了质量轻、体积小、可靠性高外，最突出的特点是具有挠性，能折叠、弯曲、卷绕。常用于连接不同平面间的电路或活动部件，能实现三维布线。其软性基材可与刚性基材互连，用以替代接插件，从而有效地保证在振动、冲击、潮湿等环境下的可靠性。

(五)平面印制电路板

将印制电路板的印制导线嵌入绝缘基板，使导线与基板表面平齐，就构成了平面印制电路板。在平面印制电路板的导线上都电镀一层耐磨的金属，通常用于转换开关、电子计算机的键盘等。

---

① 张建强，赵颖娟，王聪敏．电子电路设计与实践[M]西安：西安电子科技大学出版社，2019：84.

四、印制电路板的发展趋势

近年来集成电路和表面安装技术的发展，使电子产品日趋小型化、微型化，作为集成电路载体和互联技术核心的印制电路板也在向高密度、多层化、高可靠方向发展。新的发展主要集中在高密度板、多层板和特殊印制板等方面。

（一）高密度板

电子产品微型化要求尽可能缩小印制板的面积，超大规模集成电路的发展使芯片对外引脚线数目增加，但芯片面积没有增大甚至减小，因此，只有提高印制板上的布线密度，才能满足要求。增加密度的关键就是减小线宽（间距）和减小过孔孔径，这也成为衡量制板厂技术水准的标志，目前能够达到和将要达到的水平是：

1. 线宽/间距：0.1～0.075mm；

2. 过孔孔径：0.2～0.1mm；

3. 板厚：8.0～0.2mm。

（二）多层板

多层板在前面内容已有描述，其特点是装配密度高、体积小、重量轻、可靠性高、设计非常灵活，并且可对电路设置抑制干扰的屏蔽层。

（三）表面安装印制电路板

在表面安装印制电路板（SMB）中，由于其表面安装元器件安装方式的特点，使得它与普通印制板在基板要求、设计规范和检测方法上都有很大差异。

1. 高密度布线

随着表面安装元器件引线间距的不断缩小，表面安装印制电路板普遍要求在2.54mm网格间过双线（线宽减到0.23～0.18mm）甚至过三（线宽及线间距减小到0.20～0.12mm），并且向过五根导线（线宽及线间距减小到0.10～0.075mm）方向发展。

2. 小孔径、高厚径比

在SMB上的孔不再用于插装元件（混装的通孔除外），而只起过孔作用，因此孔径也日益减小。一般SMB上金属化孔径为0.6～0.3mm，发展方向为0.2～0.1mm。同时，SMB特有的盲孔与埋孔直径也小到0.2～0.1mm。

3. 高电气性能

由于SMB用于高频、高速信号传输电路，电路工作频率由兆赫兹向吉赫兹甚至更高频段发展，因此对SMB的阻抗特性、表面绝缘、介电常数、介电损耗等高频特性提出了更高要求。

4. 高质量基板

在SMB中即使微小的翘曲，也会影响自动贴装的定位精度，而且还会使片状元器件及焊点产生缺陷而失效，另外表面的粗糙或凸凹不平也会引起焊接不良。基板本身热膨胀系数如果超过一定限制，也会使元器件及焊点受热应力而损坏，因此，SMB 对基板的要求远远超过普通印制板。SMB 的基板必须在尺寸、稳定性、高温特性、绝缘介电特性及机械特性上满足安装质量和电气性能要求。

（四）特殊印制板

为满足高频电路及高密度装配的要求，各种特殊印制板应运而生并不断发展。

1. 微波印制板

在高频（几百兆以上）条件下工作的印制板，对材料、布线布局都有特殊要求。比如印制导线线间和层间分布参数的作用以及利用印制板做出电感、电容等“印制元件”。微波电路板除采用聚四氟乙烯板以外，还有复合介质基片和陶瓷基片等，其线宽间距要求比普通印制板高出一个数量级。

2. 金属芯印制板

金属芯印制板可以看作一种含有金属层的多层板，主要解决高密度安装引起的散热问题。同时，金属层还有屏蔽作用，有利于干扰问题的解决。

3. 碳膜印制板

碳膜板是在普通单面印制板上制成导线后，再印制一层碳膜形成跨接线或触点（电阻值符合设计要求）的印制板。它可使单面板实现高密度，低成本，良好的电性能及工艺性。碳膜板主要用于电视机、电话机等家用电器。

4. 印制电路与厚膜电路的结合

将电阻材料和铜箔顺序黏合到绝缘板上，用印制板工艺制成需要的图形。在需要改变电阻的地方用电镀加厚的方法减小电阻，用腐蚀方法增加电阻，可制造成印制电路和厚膜电路相结合的新的内含元器件的印制板，为提高安装密度、降低成本开辟出了新的途径。

第二节　印制电路板的设计

印制电路板设计是将电路原理图转换成印刷电路图，主要是排版设计，合理布局。掌握元件的外形尺寸、封装形式、引脚分布，确定哪些元件在正常工作下需要安装散热装置，哪些元件在工作中容易受到热源、磁场等外界干扰，哪些线路容易产生干扰，了解印制电路板的整体工作环境等。[①]

---

① 韩强．电气技术基础实践教程[M]．成都：电子科技大学出版社，2017：97.

一、印制电路板设计的要求

印制电路板在设计时应满足一定的设计要求。

1. 正确性

正确性是印制电路板设计中最基本、最重要的指标,设计要准确实现电路原理图的连接关系,避免出现短路和断路的问题。

2. 可靠性

印制电路板的可靠性直接影响产品的质量。设计者的水平高低、元器件的分布是否合理、导线的规范与否,以及各种干扰源都可能影响印制电路板工作的可靠性。所以,仅仅线路连接正确的印制电路板不一定可靠性好。

3. 合理性

从制造、检验、装配、调试到整机装配、调试,直到最后的使用,都要求印制电路板的设计具有合理性。合理性是在不断修改的过程中产生的,它需要设计者具有责任心和严谨的作风。

4. 经济性

板子尺寸尽量小,连接用直焊导线,表面涂敷用最便宜的材料,选择价格最低的加工厂等,都可以让印制电路板的造价下降,但是,这些廉价的选择可能会造成工艺性、可靠性变差,使得维修费增加,总体的经济性不合算。因此,经济性是一个不难达到,又不易达到,但又必须达到的目标。

以上四条要求既相互矛盾,又相辅相成。不同用途,不同要求的产品,其侧重点不同。具体产品具体对待,综合考虑以求最佳,是对设计者综合能力的要求。

二、印制电路板的设计原则

在 PCB 开发及设计过程中,为保证其正确性、可靠性、合理性,设计人员应遵循以下基本设计原则:

(一)抗干扰设计原则

模拟元件和数字元件要分开,输入输出元件应尽量远离。尽量减少或缩短各元件间的引线和连接,缩短高频元件之间的连线,减少它们的分布参数和相互的电磁干扰。接地布线中应减小接地环路面积,接地线的宽度一般在 2～3mm。电源输入端应接上上拉电阻和去耦电容(一般为 10～100μF),还应考虑电源部分的电磁干扰,使用一些抗干扰元件。

电子设备工作时,常会受到各种因素的干扰。电子设备的小型化使得干扰源与敏感单元距离越来越小,干扰传播路径缩短,干扰机会增大,干扰形式多样,而其中电磁干扰源种类多样是引起干扰影响的核心因素。

1. 电磁干扰及抑制

电磁干扰是指在电子设备或系统工作过程中出现的一些与有用信号无关的，并且对电子设备或系统性能或信号传输有害的电气变化现象。电磁干扰主要是由三个因素，即电磁干扰源、干扰传播途径、敏感设备构成的。干扰传播途径包括辐射耦合、干扰耦合和传导耦合三种。

电磁干扰根据干扰的耦合模式划分为静电干扰、磁场耦合干扰、漏电耦合干扰、共阻抗干扰、电磁辐射干扰等。为了避免电磁干扰，使电子产品能够正常、可靠地工作，并达到预期的功能，电子设备必须具有较高的抗干扰能力。常用的抑制电磁干扰的方法有以下几种。

(1)避免印制导线之间的寄生耦合。

两条相距很近的近似平行导线，它们之间的分布参数可以等效为相互耦合的电感和电容，当信号从一条线中通过时，另一条线内也会产生感应信号。感应信号的大小与原始信号的频率及功率有关，感应信号便是分布参数产生的干扰源。为了抑制这种干扰，第一，制板前要分析原理图，区别强弱信号线，使弱信号线尽量短，同时避免与其他信号线平行靠近；第二，布线越短越好，同时按照信号流向布线，避免迂回穿插，要远离干扰源，尽量远离电源线、高电平导线；第三，不同回路的信号线要尽量避免相互平行布设，双面板两面的印制导线走向要尽量互相垂直，尽量避免平行布设。这些措施有利于减少分布参数造成的干扰。

(2)减小磁性元器件对印制导线的干扰。

扬声器、电磁铁、永磁式仪表等产生的恒定磁场和高频变压器、继电器等产生的交变磁场，对周围的印制导线均会产生干扰。注意分析磁性元器件的磁场方向，减少印制导线对磁力线的切割，这样做可以排除这类干扰。

(3)导线屏蔽。

高频导线的屏蔽，通常是在其外表面套上一层金属丝的编织网。中心导线称为芯线，套在外表面的金属网称为屏蔽层，芯线与屏蔽层之间衬有绝缘材料，屏蔽层外面还有一层绝缘套管，用于保护屏蔽线。

2. 地线干扰及抑制

为了构成电信号的通路，防止设备外壳带电面造成人身危害，一般电子设备的外壳、插件、插箱、底板等都与地相连。连接地的导线称为地线，地线设置不合理，各电路之间就会造成地线干扰，其干扰分为两种，即地阻抗干扰和地环路干扰。因此在印制电路板的设计过程中，地线的设计十分重要。基本的接地方法如下：

(1)一点接地。

一点接地是将电子设备中各个单元的信号地线接到一个点上，这是消除地线干扰的基本原则。串联式一点接地因各个单元共用一条地线，故容易引起共地阻抗干扰。[①] 图5.2所示的为并联式一点接地方式，将每个单元电路的单独地线连接到同一个接地点上，

① 黄松，胡薇，殷小贡．电子工艺基础与实训[M]．武汉：华中科技大学出版社，2020：38．

在低频时可以有效地避免各个单元之间的共阻抗耦合和低频接地环路的干扰。在实际设计印制电路板时，应将这些接地元器件尽可能地就近接到公共地线的一段或一个区域内，也可以接到一个分支地线上。

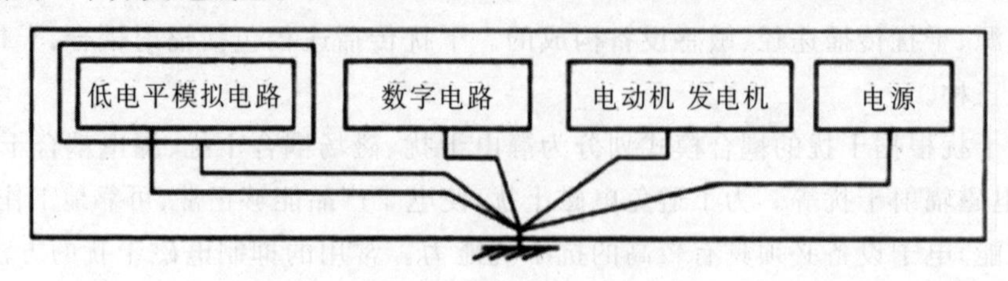

图 5.2　并联式一点接地

(2)多点接地。

多点接地是指设备或系统中设计多个接地平面，是使接地引线的长度最短的接地方式。其优点是电路构成比一点接地的简单，这使接地线上出现高频驻波现象的可能性显著减少。[①]

(3)大面积接地。

在高频电路中将所有能用面积均布设为地线，可以有效地减小地线中的感抗，从而削弱在地线上产生的高频信号。[②] 这种布线方式中，元器件一般都采用不规则排列，并按照信号流向依次布设，以求最短的传输线和最大面积接地，同时，大面积接地还可以对电场干扰起到屏蔽的作用。

(二)散热原则

发热量大的元件一般要用散热片，尽量放置在主机板上方，尽可能处于通风位置，对温度敏感的元件要远离发热元件。芯片和元件在布局时要留有空间便于通风和散热。一般元件的发热部位与 PCB 板的距离不小于 2mm。

电子设备在工作时，输入功率只有一部分作为有用功输出，还有很多电能将转化成热能，使得电子设备的元器件温度升高。但元器件允许的工作温度都是有限的，如果实际温度超过了元器件的允许温度，则元器件的性能就会出现问题，甚至烧毁。因此，在设计印制电路板时，应该考虑发热元器件、怕热元器件及热敏元器件的分布和布线方式。印制电路板散热设计的基本原则是：有利于散热、远离热源。

1. 尽量不要把几个发热元器件放在一起

装在印制电路板上的发热元器件应该布置在通风较好的位置，以便有利于元器件通过机壳上的通风孔散热，同时还要考虑使用散热器或小风扇进行散热处理。

2. 怕热元器件及热敏元器件应该尽量远离热源或设备上部

电路长期工作引起温度升高，会影响这些元器件的工作状态和性能。

---

① 黄松，胡薇，殷小贡．电子工艺基础与实训[M]．武汉：华中科技大学出版社，2020：38.

② 黄松，胡薇，殷小贡．电子工艺基础与实训[M]．武汉：华中科技大学出版社，2020：38.

3. 发热元器件不宜贴着印制电路板安装

应该留有一定的散热空间,避免印制电路板受热过度而损坏。

(三)安全原则

带高压的元件或有较高电位差的元件应在调试时注意安全。PCB设计的好坏对电路板抗干扰能力影响很大,因此,在进行PCB设计时,必须遵守PCB设计的一般原则,并应符合抗干扰设计的要求。为了设计出质量好、造价低的PCB,应遵循下面讲述的一般原则。其中元件的布局及导线的布设尤为重要。

(四)PCB的布局原则

1. 布放顺序

先主后次,先集成后分立。元件放置不要太密集,尽可能均布,不能上下交叉,安装高度要尽量低。网络间交叉连线要少。布局要便于信号流通,信号流向保持一致,避免输入或输出,高低电平部分交叉。在双面或多层PCB板,上下两层的信号线走向应相互垂直或斜交叉。

2. 布局原则

元件布局是将元件在一定面积的印制板上合理地排放,它是设计PCB的第一步。首先要考虑PCB尺寸大小。PCB尺寸过大时,印制线路长,阻抗增加,抗噪声能力下降,成本也增加;PCB尺寸过小时,则散热不好,且邻近线条易受干扰。在确定PCB尺寸后,进行元件布局。再确定特殊元件的位置。最后,根据电路的功能单元,对电路的全部元件进行布局。印制电路板在布局时应遵守以下原则。

(1)元件排列规则。

①布置主电路的集成块和晶体管的位置。在通常条件下,元件应布置在印制板的同一面上,只有在顶层元件过密时,才能将一些高度有限并且发热量小的器件,如贴片电阻、贴片电容,贴片IC等放在底层。

②在保证电气性能的前提下,元件放置应相互平行或垂直排列,元件排列要紧凑,不允许重叠,输入和输出元件尽量远离。

③某些元器件或导线之间可能存在较高的电位差,应加大它们之间的距离,以免因放电、击穿引起短路。

④带高压的元器件应尽量布置在调试时手不易触及的地方。

⑤位于板边缘的元件,距板边缘一般不小于2mm。

⑥对于四个管脚以上的元件,不可进行翻转操作,否则将导致该元件安装插件时管脚号不能一一对应。

⑦元器件在整个板面上分布均匀、疏密一致。

(2)按照信号走向布局原则。

①通常按照信号的流程逐个安排各个功能电路单元的位置,以每个功能电路的核心元件为中心,围绕它进行布局。

②元件的布局应便于信号流通,使信号尽可能保持一致的方向。在多数情况下,信号的流向安排为从左到右或从上到下,与输入、输出端直接相连的元件应当放在靠近输入、输出接插件或连接器的地方。

(3)防止电磁干扰层。

①对辐射电磁场较强的元件,以及对电磁感应较灵敏的元件,应加大它们之间的距离或加以屏蔽,元器件放置的方向应与相邻的印制导线交叉。

②尽量避免高低电压器件相互混杂、强弱信号的器件交错在一起。

③对于会产生磁场的元器件,如变压器,扬声器、电感等,布局时,应注意减少磁力线对印制导线的切割,相邻元件的磁场方向应相互垂直,减少彼此间的耦合。

④对于干扰源进行屏蔽,屏蔽罩应良好接地。

⑤工作在高频的电路,要考虑元器件间分布参数的影响。

(4)抑制热干扰。

①对于发热的元器件,应优先安排在利于散热的位置,必要时,可以单独设置散热器或小风扇,以降低温度,减少对邻近元器件的影响。

②一些功耗大的集成块、大或中功率管、电阻等元件,要布置在容易散热的地方,并与其他元件隔开一定距离。

③热敏元件应紧贴被测元件并远离高温区域,以免受到其他发热元件影响,引起错误动作。双面放置元件时,底层一般不放置发热元件。

(5)提高机械强度。

①要注意整个 PCB 板的重心平衡与稳定,重而大的元件尽量安置在印制板上靠近固定端的位置,并降低重心,以提高机械强度和耐振、耐冲击能力,以及减少印制板的负荷和变形。

②重 15 克以上的元器件,应当使用支架或卡子加以固定。

③为了便于缩小体积或提高机械强度,可设置辅助底板,放置一些笨重的元件。

④板的最佳形状是矩形(长宽比为 3∶2 或 4∶3),板面尺寸大于 200×150mm 时,要考虑板所受的机械强度,可加边框加固。

⑤在印制板上留出固定支架、定位螺孔和连接插座的位置。

(6)可调元件的布局。

可调元件的布局应考虑整机的结构要求,若是机外调节,其位置要与调节旋钮在机箱面板上的位置相适应:若是机内调节,则应放置在印制板上能够方便调节的地方。

3. 布线原则

布线和布局是密切相关的两项工作,布局的好坏直接影响着布线的布通率。布线受布局、板层、电路结构、电性能要求等多种因素影响,布线结果又直接影响电路板性能。

印制电路板在布线时应遵守以下原则。

(1)布线板层选择。

印制板布线可以采用单面板、双面板或多层板,一般应首先选用单面板,其次是双面板,在仍不能满足设计要求时才选用多层板。

(2)印制导线宽度原则。

①印制导线的最小宽度主要由导线与绝缘基板间的黏附强度和流过它们的电流值决定。一般选用导线宽度在1.5mm左右完全可以满足要求,对于集成电路,尤其数字电路通常选0.2～0.3mm就足够。当然只要密度允许,还是尽可能用宽线,尤其是电源和地线。

②印制导线的线宽一般要小于与之相连焊盘的直径。

(3)印制导线的间距原则。

导线的最小间距主要由最坏情况下的线间绝缘电阻和击穿电压决定。导线越短、间距越大,绝缘电阻就越大。一般选用间距1～1.5mm完全可以满足要求。对集成电路,尤其数字电路,只要工艺允许可使间距很小。

(4)信号线走线原则。

①输入、输出端的导线尽量避免相邻平行,平行信号线之间要尽量留有较大间隔,最好加线间地线,起到屏蔽的作用。

②印制板两面的导线应互相垂直、斜交或弯曲走线,避免平行,减少寄生耦合。

③信号线高、低电平悬殊时,要加大导线的间距;在布线密度比较低时,可加粗导线,信号线的间距也可适当加大。

(5)地线布设原则。

①一般将公共地线布置在印制板的边缘,便于印制板安装在机架上,也便于与机架地相连接。印制地线与印制板的边缘应留有一定的距离(不小于板厚),这不仅便于安装导轨和进行机械加工,而且还提高了绝缘性能。

②在印制电路板上应尽可能多地保留铜箔做地线,这样传输特性和屏蔽作用将得到改善,并且起到减少分布电容的作用。地线(公共线)不能设计成闭合回路,在高频电路中,应采用大面积接地方式。

③印制板上若装有大电流器件,如继电器、扬声器等,它们的地线最好要分开独立走,以减少地线上的噪声。

④模拟电路与数字电路的电源、地线应分开排布,这样可以减小模拟电路与数字电路之间的相互干扰。

⑤为避免各级电流通过地线时产生相互间的干扰,特别是末级电流通过地线对第一级的反馈干扰,以及数字电路部分电流通过地线对模拟电路产生干扰,通常各级的地是割裂的,不直接相连,然后再分别接到公共的一点地上。

(6)模拟电路布线。

模拟电路的布线要特别注意弱信号放大电路部分的布线,特别是电子管的栅极、半导体管的基极和高频回路,这是最易受干扰的地方。布线要尽量缩短线条的长度,所布的线要紧挨元器件,尽量不要与弱信号输入线平行布线。

(7)数字电路布线原则。

数字电路布线中,工作频率较低的只要将线连好即可,一般不会出现太大的问题。工作频率较高,特别是高到几百兆赫时,布线时要考虑分布参数的影响。

(8)高频电路布线原则。

高频电路中,集成块应就近安装高频退耦电容,一方面保证电源线不受其他信号干扰,另一方面可将本地产生的干扰就地滤除,防止了干扰通过各种途径(空间或电源线)传播。高频电路布线的引线最好采用直线,如果需要转折,采用45°折线或圆弧转折,可以减少高频信号对外辐射和相互间的耦合。管脚间的引线越短越好,引线层间的过孔越少越好。

4. 焊盘大小原则

焊盘的直径和内孔尺寸:焊盘的内孔尺寸必须先从元件引线直径、公差尺寸以及焊锡层厚度、孔径公差、孔金属电镀层厚度等方面考虑。焊盘的内孔一般不小于0.6mm,因为小于0.6mm的孔开模冲孔时不宜加工。在通常情况下,金属引脚直径值加上0.2mm作为焊盘内孔直径,焊盘外径应该为焊盘孔径加1.2mm,最小应该为焊盘孔径加1.0mm。

三、印制电路板设计前的准备

进入PCB设计阶段前,许多具体要求及参数首先应基本确定,如电路方案、整机结构、板材外形等,但在PCB设计过程中,这些内容都可能要进行必要的调整。

(一)确定电路方案

设计出的电路方案首先应进行实验验证,一般采用电子元器件把电路搭出来或者用计算机仿真的方法进行验证,实验验证不仅是原理性和功能性的,同时也应当是工艺性的。

实验验证的目的是:

第一,通过对电气信号的测量,调整电路元器件的参数,改进电路的设计方案。

第二,根据元器件的特点、数量、大小以及整机的使用性能要求,考虑整机的结构尺寸。

第三,从实际电路的功能、结构与成本等方面,分析成品适用性。

通过对电路实验的结果进行分析,要确认以下几点:

(1)电路原理,包括整个电路的工作原理和组成,各功能电路的相互关系和信号流程。

(2)PCB的工作环境及工作机制。

(3)主要电路参数。

(4)主要元器件和部件的型号、外形尺寸及封装。

(二)确定整机结构

当电路和元器件的电气参数和机械参数都已确定时,整机的工艺结构还仅仅是初步成型,在后面的PCB设计过程中,需要综合考虑元件布局和印制电路布设这两方面因素才可能最终确定。

(三)确定印制板的板材、形状、尺寸和厚度

1. PCB 的板材

不同板材的机械、电气性能有很大的差别。目前国内常见覆铜板的种类、特点和应用在本章第一节已有详细叙述,可见表 5.1。

板材的选择主要是从整机的电气性能、可靠性、加工工艺要求、经济指标等方面考虑。通常情况下,希望 PCB 的制造成本在整机成本中只占很小的比例。对于相同的制板面积来说,双面板的制造成本是一般单面板的 3～4 倍以上,而多层板至少要贵到 20 倍以上。分立元器件的引线少,排列位置便于灵活变换,其电路常用单面板;双面板多用于集成电路较多的电路。

2. PCB 的形状

PCB 的形状由整机结构和内部空间的大小决定,外形应该尽量简单,最佳形状为矩形(正方形或长方形,长∶宽＝3∶2 或 4∶3),避免采用异形板。当电路板面尺寸大于 $200\times150mm^2$ 时,应考虑 PCB 的机械强度。

3. PCB 的尺寸

尺寸的大小根据整机的内部结构和板上元器件的数量、尺寸及安装、排列方式来决定,同时要充分考虑到元器件的散热和邻近走线易受干扰等因素。PCB 的尺寸主要考虑以下几点:

(1)面积应尽量小,面积太大则印制线条长而使阻抗增加,抗噪声能力下降,成本也高。

(2)元器件之间保证有一定间距,特别是在高压电路中,更应该留有足够的间距。

(3)要注意发热元件安装散热片占用面积的尺寸。

(4)板的净面积确定后,还要向外扩 5～10mm,便于 PCB 在整机中的安装固定。

4. PCB 的厚度

覆铜板的厚度通常为 1.0mm、1.5mm、2.0mm 等。在确定板的厚度时,主要考虑对元器件的承重和振动冲击等因素。如果板的尺寸过大或板上的元器件过重,都应该适当增加板的厚度或对电路板采取加固措施,否则电路板容易产生翘曲。在选定了 PCB 的板材、形状、尺寸和厚度后,还要注意查看铜箔面有无气泡、划痕、凹陷、胶斑,以及整块板是否过分翘曲等质量问题。

(四)确定印制板对外连接的方式

PCB 是整机的一个组成部分,必然存在对外连接的问题。例如,印制板之间、印制板与板外元器件之间、印制板与设备面板之间,都需要电气连接。这些连接引线的总数要尽量少,并根据整机结构选择连接方式,总的原则是应该使连接可靠,安装、调试、维修方便,成本低廉。印制板对外连接的方式有如下几种:

1. 导线焊接方式连接

导线焊接方式连接的优点是成本低,可靠性高,可以避免因接触不良而造成的故障;

缺点是维修不够方便,一般适用于对外引线比较少的场合。采用导线焊接方式应该注意以下几点:

(1)线路板的对外焊点尽可能地引到整板的边缘,按统一尺寸排列,以利于焊接与维修。

(2)在使用印制板对外引线焊接方式时,为了加强导线在印制板上的连接可靠性,要避免焊盘直接受力,印制板上应该设有穿线孔。连接导线先由焊接面穿过穿线孔至元件面,再由元件面穿入焊盘的引线孔焊好。

(3)将导线排列或捆扎整齐,通过线卡或其他紧固件将线与板固定,避免导线因移动而折断。

2. 插接件连接

在比较复杂的仪器设备中,经常采用插接件连接方式。这种"积木式"的结构不仅保证了产品批量生产的质量,降低了成本,也为调试、维修提供了极为便利的条件。

(1)印制板插座

板的一端做成插头,插头部分按照插座的尺寸、接点数、接点距离、定位孔的位置等进行设计。此方式装配简单、维修方便,但可靠性较差,常因插头部分被氧化或插座簧片老化而接触不良。

(2)插针式插接件

插座可以装焊在印制板上,在小型仪器中用于印制电路板的对外连接。

(3)带状电缆插接件

扁平电缆由几十根并排黏合在一起,电缆插头将电缆两端连接起来,插座的部分直接装焊在印制板上。电缆插头与电缆的连接不是焊接,而是靠压力使连接端上的刀口刺破电缆的绝缘层来实现电气连接,其工艺简单可靠。这种方式适于低电压、小电流的场合,能够可靠地同时连接几路或几十路微弱信号,不适合用在高频电路中。

(五)印制板固定方式的选择

PCB 在整机中的固定方式有两种,一种采用插接件连接方式固定,另一种采用螺钉紧固。在采用螺钉紧固时,一般将 PCB 直接固定在基座或机壳上,这时要注意当基板厚度为 1.5mm 时,支承间距不超过 90mm,而厚度为 2mm 时,支承间距不超过 120mm,支承间距过大,抗振动或冲击能力降低,影响整机可靠性。

四、印制电路板的设计方法和流程

电路板的设计方法主要有三种:全自动设计、全手工设计和半自动设计。

1. 全自动设计

只使用 Altium Designer 提供的各种自动化工具来进行印制电路板的设计工作。优点是设计的周期短,但缺点也很大,因为布局和走线的策略都是利用人工智能来进行判断设计的,而目前人工智能的技术还不够完善。

2. 全手工设计

完全使用 Altium Designer 提供的各种 PCB 绘制工具进行印制电路板的设计工作，优点是因为全手工设计，各个点的设计都是从实际出发来进行的，设计出来的产品比较完美，缺点是费时费力，有时还会出现人为错误。

3. 半自动设计

这是目前用得比较多的方式，结合了自动化设计和全手工设计的特点，省时省力，而且设计的灵活性也比较大，不容易犯错误。

以上三种设计方法虽然差别较大，但都是遵循同一种设计流程模式。

(1)准备原理图和网络报表

这主要是指电路原理图的设计及网络报表的生成等准备工作。

(2)规划印制电路板

在绘制 PCB 之前，用户要对电路板有一个初步的规划，如电路板采用多大的物理尺寸，采用几层电路板(单面板还是双面板)，各元件采用何种封装形式及其安装位置等。该项工作是确定电路板设计的框架。

(3)设置相关参数

设置参数主要是设置元件的布置参数、板层参数和布线参数等。一般说来，有些参数用其默认值即可：有些参数第一次设置后，以后几乎不需修改。

(4)导入网络报表及元件封装

网络报表是电路板布线的灵魂，也是原理图设计系统与印制电路板设计系统的接口。[①] 只有将网络报表导入之后，才可能完成对电路板的自动布线。元件的封装就是元件的外形，对于每个导入的元件必须有相应的外形封装，才能保证电路板布线的顺利进行。

(5)元器件布局

元件的布局可以让 Altium Designer 自动进行，并自动将元件布置在电路板边框内。元件布局可以由系统自动完成，也可以很方便地进行手工布局修改，只有完成了元件的布局后，才可以进行自动布线。

(6)自动布线与手工调整

对于比较重要的网络连接和电源网络的连接应该手动预布线。锁定预先布置的线，然后进行自动布线。自动布线结束后，仍需要手工调整不合理布线。

(7)覆铜

对信号层上的接地网络和其他需要保护的信号进行覆铜或包地，可以增强 PCB 电路板抗干扰的能力和负载电流的能力。

(8)DRC 设计检查

对布完线的电路板进行 DRC(Design Rule Check)即设计规则检查，可以确保电路板

① 李秀霞，詹仪，马文婕. ALTIUM DESIGNER WINTER 09 电路设计与仿真教程(第 2 版)[M]. 北京：北京航空航天大学出版社，2019：149.

设计完全符合设计者制定的设计规则,并且可以确保所有的网络均已正确连接。

(9)文件保存及输出

将完成的 PCB 文件保存到磁盘,利用输出设备如打印机或绘图仪等,输出电路板的布线图。

第三节 印制电路板的制作

一、印制电路板制造的通用法

对于印制电路板设计者而言,印制电路板的工艺相当重要,如果设计不符合工艺要求,将会大大降低产品的生产效率,甚至会导致设计的产品根本无法投入生产。PCB 图绘制完成后,即可开始制作 PCB 实物板。

(一)PCB 制作法的类别

1. 减成法

是指在敷铜板上,通过光化学法,电镀图形抗蚀层,然后蚀刻掉非图形部分的铜箔或采用机械方式去除不需要部分而制成印制电路板 PCB。随着印制电路板制造工艺技术的不断发展,目前使用最为广泛的,现今大多制板厂的 PCB 制造方法都为 PCB 减成法。减成法根据工艺不同又分为蚀刻法(化学方法,最主要的制作方法)——用铜箔蚀刻法制造印制电路板,即将设计完成的图形通过图形转移在敷铜板上以形成防蚀图形,然后用化学剂蚀刻掉不需要的铜箔,从而获得导电图形和雕刻法。

2. 加成法

是指在未敷铜箔的基材上,有选择地沉积导电材料而形成导电图形的印制板 PCB。目前在国内并不多见。

(二)印制电路板制造的工艺流程

在前面讲过,电路板分为单面板、双面板和多面板,它们的制造工艺也不尽相同,在此仅大致描述一下其流程。

1. 单面板制造工艺流程

敷铜板下料—表面去油处理—上胶—曝光—显影—固膜—修板—腐蚀—去除保护膜孔加工—成形—印标记—涂助焊剂—检验—成品。

2. 双面板制造工艺流程

敷铜板下料—孔加工—化学沉铜—电镀铜加厚—贴干膜—图形转移(曝光、显影)—二次电镀铜加厚—镀铅锡合金—去除保护膜—腐蚀—镀金(插头部分)—成型热烙—印标记—涂助焊剂—检验—成品。

3. 多层板制造工艺流程

内层材料处理—定位孔加工—表面清洁处理—制内层走线及图形—腐蚀—层压前处理—外内层材料层压—孔加工—孔金属化—制外层图形—镀耐腐蚀可焊金属—去除感光胶—腐蚀—插头镀金—外形加工—热熔—涂焊剂—成品。

(三)PCB 互联方式

在实际制作的 PCB 实物板中,因为设计的原因,PCB 之间需要互联,一般来说,互联的方式采用焊接、插座等方式来实现。

1. 焊接方式

导线焊接、排线焊接、印刷板之间直接焊接。

2. 印刷板/插座方式

在印刷板边缘做出印刷插头,与专用印刷板插座相配。

3. 插头/插座方式

(1)条形连接器:连接线从 2 根到十几根不等,多用于对外连接线较少的情况,如计算机中的电源线,CD－ROM 音频线。

(2)矩形连接器:连接线从 8 根到 60 根不等,插头采用扁平电缆压接方式,多用于连接线多且电流不大的地方,如计算机中的硬盘软驱、光驱的信号线。

(3)D 形连接器:用于对外移动设备的连接(要求有可靠的定位和紧固),如计算机的串/并口对外连接等。

(4)圆形连接器:专用部件,如计算机的键盘、鼠标等。

二、手工印制电路板的制作

手工制作常用于科研中往往需要制作少量的印制电路板,作为产品性能分析试验或制作成样机,或是电子设计比赛、电子课程设计、毕业设计、创新制作等环节。它具有成本低廉、制作速度快等优点,可满足一般设计需求。

(一)手工制作印制电路板的准备

在手工制作印制电路板之前,需要准备好材料和工具,一般我们常用的工具和材料有如下几种。

1. 覆铜箔板

选择覆铜箔板时,除了要考虑尺寸大小之外,还应注意基板的绝缘材料。一般情况下,选用 1～1.5mm 厚的覆铜箔板为宜。如果印制板面积较大,电路元器件较多或较重,以及需要在板上安装波段开关等受力元件时,应选择较厚的覆铜箔板。

2. 下料工具

可用钢锯下料,也可自制一些简便工具。如将用断了的钢锯条,在一头装上木柄或用布条缠住,即制成一把小手锯。

3. 锉刀

印制板裁剪以后,其边缘常带有许多毛刺,可用锉刀或砂纸将印制板的四周打磨光滑。

4. 水砂纸

覆铜箔板在加工、运输和存放过程中,会在表面生成一层氧化膜。为便于印制电路图形的腐蚀,可用水砂纸、去污粉等将铜箔表面清洗干净,去除表面油污及氧化膜。

5. 描图笔

用来描绘印制板上印制电路图形。手工描绘可用小楷笔(小毛锥)、绘图用的鸭嘴笔,也可将蘸水钢笔改制成专用的描图笔。

6. 腐蚀液

制作印制电路板,大多采用三氯化铁腐蚀液,该腐蚀液可反复使用多次。因三氯化铁有腐蚀作用,使用时应多加小心,用后要注意妥善保存。

7. 容器

用三氯化铁腐蚀液腐蚀印制板时,必须有一个耐酸蚀的容器来盛放腐蚀液及印制电路板,一般常用塑料、搪瓷、陶瓷等容器。

8. 钻孔工具

印制板上的电路图形制作完成后,还需在安装元器件的位置上,钻出一定直径的孔。业余条件下,可用手电钻打孔。因手电钻的钻头很细,使用时应注意用力地均匀,防止钻头损坏。

9. 小刀

印制板腐蚀好之后,可能会有局部线路腐蚀不彻底,出现印制导线边缘有毛刺的现象,这时可用小刀通过修板工作进行清除。

(二)手工制作印制电路板的步骤

1. 下料

按设计好的印制板尺寸裁剪覆铜板。其做法是先按照尺寸画线,然后用钢锯或自制的手锯沿线锯下。也可用“划刀”在板的两面一刀刀地划出痕迹来,当划痕足够深时,轻轻用力将板掰开。覆铜箔板裁剪好以后,用砂纸或锉刀将裁剪边打磨平整。

2. 清洗覆铜板

采用棉纱蘸去污粉擦洗,或用水砂纸打磨的方法清洗覆铜板,使覆铜板的铜箔面露出原有的光泽,然后用清水冲洗干净。清洗后的覆铜板晾干或烘干后,便可进行下一步的工作。

3. 复写印制电路底图或贴膜

将设计好的印制电路图用复写纸复写在覆铜板的铜箔表面上。复写时,笔的颜色应和底图的颜色有所区别,这样便于区别描过的部分和未描过的部分,防止漏描。也可采用 1∶1 的贴膜法,贴置印制导线和焊盘于铜箔上。

4. 腐蚀

首先把三氯化铁溶液倒入容器中,随后把需要腐蚀的印制板放在容器中。为了缩短腐蚀时间，可用筷子夹少量棉纱，在腐蚀液中轻轻擦抹覆铜板。在腐蚀过程中，应注意观察腐蚀的进展情况，腐蚀时间太短，印制板上应腐蚀掉的铜箔依然残存；腐蚀时间太长，则会造成应保留部分的铜箔受到损伤，使线条边缘出现锯齿状等。

5. 清洗

印制板腐蚀好之后，将印制电路板取出，可用棉纱浸水蘸去污粉，或蘸酒精、汽油擦洗印制板，以去掉防酸涂料，最后用清水将印制板冲洗干净。

6. 修整

用单面刀片或锋利的小刀修整未腐蚀部分或毛刺等。

7. 钻孔

对照设计图在需要钻孔的位置，用中心冲打上定位“冲眼”以备钻孔。若是一般元器件，则孔径约 0.7～1mm；若是固定孔，或大元器件的孔，则孔径约 2～3.5mm。

8. 涂助焊剂

为了防止铜箔表面氧化和便于焊接元器件，在打好孔的印制板铜箔上，用毛笔蘸上松香水轻轻地涂上一层，晾干即可。

(三)手工制作印制电路板的方法

1. 描图蚀刻法

描图蚀刻法是一种常用的制板方法，由于最初使用调和漆作为描绘图形的材料，所以又称漆图法。具体流程如下。

(1)下料。按照实际设计尺寸裁剪敷铜板，去掉四周毛刺。

(2)拓图。用复写纸将已经设计好的印制电路板布线草图拓印在敷铜板的铜箔面上。印制导线用单线，焊盘用小圆点表示。拓制双面板时，板与草图应该由 3 个不在一条直线上的点定位。

(3)钻孔。拓图后检查焊盘与导线是否有遗漏，然后在板上打样冲眼，以便冲眼定位打焊盘孔。打孔时注意钻床转速，应该取高速，钻头应该磨锋利。进刀不宜过快，以免将铜箔挤出毛刺，并且注意保持导线图形的清晰，清除孔的毛刺时不要用砂纸。

(4)描图。用稀稠适宜的调和漆将图形及焊盘描好。描图时，应该先描焊盘，方法可用适当的硬导线蘸漆。漆料要蘸得适中，描线用的漆稍稠。描点时，注意与孔同心，大小尽量均匀。焊盘描完后可描印制导线图形。

(5)修图。描好的图在漆未全干时应该及时进行修补，可以使用直尺和小刀，沿着导线边沿修整，修补断线或缺损图形时，要保证图形的质量。

(6)蚀刻。蚀刻液一般使用三氯化铁水溶液，其质量分数为 28%～42%，将描修好的印制电路板完全淹没到溶液中，蚀刻印制图形。

(7)去膜。用热水泡后即可将漆膜剥落，未擦净处可用稀料清洗。

(8)清洗漆膜。用碎布蘸上去污粉反复在印制电路板板面上擦拭，去掉铜箔氧化膜，露出铜的光亮本色。为使印制电路板更加美观，应该固定顺着一个方向擦拭。擦后用水冲洗，晾干。

(9)涂助焊剂。冲洗晾干后应该立即涂助焊剂。

2. 贴图蚀刻法

用描图法自制印制电路板虽然简单易行,但描绘质量很难保证。近年来,电子器材商店已有一种薄膜图形出售,这种具有抗蚀能力的薄膜厚度只有几微米,图形种类有几十种,都是印制电路板上常见的图形,有各种焊盘、插接件、集成电路引线和各种符号等。这些图形贴在一块透明的塑料软片上,使用时,可用刀尖把图形从软片上挑下来,转贴到覆铜板上。焊盘和图形贴好后,再用各种宽度的抗蚀胶带连接焊盘,构成印制导线,整个图形贴好以后即可进行腐蚀。这种方法就称为贴图蚀刻法,用此法制作的印制板效果极好,贴图蚀刻法除了利用不干胶膜直接在铜箔上贴出导线图形代替描图外,其余步骤同描图蚀刻法的一样。在使用贴图蚀刻法制作印制电路板时,首先依照设计导线宽度将胶带切成合适宽度,然后按照设计图形贴到覆铜板上。电子器材商店有各种不同宽度的贴图胶带,也有将各种常用印制图形如IC、印制板插头等制成专门的薄膜,使用更为方便。无论采用何种胶条,都要注意粘贴牢固,特别是边缘一定要按压紧贴,否则腐蚀溶液侵入将使图形受损。由于胶带边缘整齐,焊盘也可用工具冲击,故贴成的图质量较高,蚀刻后揭去胶带即可使用。所做的板子也几乎没有质量上的差别。

3. 铜箔粘贴法

铜箔粘贴法是手工制作印制电路板最简捷的方法,既不需要描绘图形,也不需要腐蚀。只要把各种所需的焊盘及一定宽度的导线粘贴在绝缘基板上,就可以得到一块印制电路板。具体方法与贴图蚀刻法很类似,只不过所用的贴膜不是抗蚀薄膜,而是用铜箔制成的各种电路图形。钢箔背面涂有压敏胶,使用时只要用力挤压,就可以把铜箔图形牢固地粘贴在绝缘板材上。目前,我国已有一些电子器材商店出售这种铜箔图形,但因价格较高,使用并不广泛。

4. 刀刻法

对于一些电路比较简单,线条较少的印制板,可以用刀刻法来制作。在进行布局排版设计时,要求导线形状尽量简单,一般把焊盘与导线合为一体,形成多块矩形。由于平行的矩形图形具有较大的分布电容,因此刀刻法制板不适合高频电路。刻刀可以用废的钢锯条自己磨制,要求刀尖既硬且韧。制作时按照拓好的图形,用刻刀沿钢尺刻画铜箔,刀刻深度应能把铜箔划透。然后,把不需要保留的铜箔的边角用刀尖挑起,再用钳子夹住把它们撕下来。印制板刻好后,再进行打孔,并检查印制板上是否有没撕干净的铜箔或毛刺(可用砂纸轻轻打磨,进行修复),最后清洁表面后上助焊剂。

5. 热转印法

热转印法是目前电子爱好者制作少量实验板的最佳选择。它利用了激光打印机墨粉的防腐蚀特性,具有制板快速(20分钟)、精度较高(线宽15mil,间距10mil)、成本低廉等特点,但由于涂阻焊剂和过孔金属化等工艺的限制,这种方法还不能方便地制作任意布线双面板,只能制作单面板和所谓的“准双面板”。热转印法主要采用了热转移的原理,利用激光打印机的“碳粉”(含黑色塑料微粒)受激光打印机的硒鼓静电吸引,在硒鼓上排列出精度极高的图形及文字,在消除静电后,转移于经过特殊处理的专用热转印纸上,并经高温熔化热压固定，形成热转印纸板，再将该热转印纸覆盖在覆铜板上，由于热转印纸是经过特殊处理的，通过高分子技术在它的表面覆盖了数层特殊材料的涂层，使热转印纸具有耐高温不粘连的特性，当温度达到 180.5 ℃时，在高温和压力的作用下，热转印纸对融化的墨粉吸附力急剧下降，使融化的墨粉完全吸附在覆铜板上，覆铜板冷却后，形成紧固的有图形的保护层，经过腐蚀后即可形成做工精美的印制电路板。实现热转印法所需要的主要设备及材料有激光打印机、转印机、热转印纸等。

热转印法制作印制电路板的方法如下：

(1)用激光打印机将印制电路板图形打印在热转印纸上。打印后，不要折叠、触摸其黑色图形部分，以免使版图受损。

(2)将打印好的热转印纸覆盖在已做过表面清洁的覆铜板上，贴紧后送入制版机制板。只要覆铜板足够平整，用电熨斗熨烫几次也是可行的。

(3)覆铜板冷却后，揭去热转印纸。其余蚀刻、去膜、修板、涂助焊剂等步骤同描图法。

6. 感光法

感光法是目前手工制作印制电路板质量最高的一种方法。它是使用一种专用的覆铜板，其铜箔层表面预先涂布了一层感光材料，故称为“预涂布感光覆铜板”，也叫“感光板”。它具有快速、保密、优质的特点，操作熟练后，可制出精度达 0.1mm 的走线。感光法制作印制电路板所需主要设备及材料有：激光打印机、感光电路板、两块大小适中的玻璃、透明菲林(或半透明硫酸纸)、显像剂、三氯化铁、钻孔工具等。制作方法如下：

(1)原稿制作。

用电路设计软件把电路图设计好，然后用打印机以透明胶片、半透明硫酸纸打印出底图。

(2)裁切。

先用裁纸刀切断保护膜，再用锯子或裁刀按所需尺寸裁好线路板。电木板也可用小刀将上下两面各割深约 0.2mm 左右刀痕，再予以折断。

(3)曝光。

撕掉保护膜(不要刮伤感光膜面)，将透明或半透明的原稿放在感光板上，用玻璃紧压原稿及感光板，越紧密解析度越好。

(4)显像。

用塑料盆将显像剂按 5 克兑水 300～500mL 的比例稀释成显像液(要用冷水)灌入容器备用。

(5)修膜。

为了确保膜面无任何损伤，将干燥的感光板进行全面检查，短路处用小刀刮净，断线处用油性笔等修补。

(6)蚀刻。

用塑料盆盛三氯化铁加水配成腐蚀液(温度 40～50 ℃时效果较好)，放入感光板10～20 分钟腐蚀完成。

(7)除膜。

感光膜可直接焊接(要使用高质焊锡),如需去除可用布蘸较浓的显像液或酒精抹去,去掉膜层后用松香溶液涂一遍打磨好的电路板,既可以助焊,又可以防止氧化。

三、印制电路板制作后的检验与修复

(一)印制电路板的检验

印制电路板制好以后,必须经过必要的检验,才能进行电路元器件的组装。印制板的检验主要通过以下几种方法进行。

1. 外观检验

外观检验简单易行,借助直尺、卡尺、放大镜等简单的工具,对要求不高的印制板就可以进行质量把关。外观检验的主要内容包括:

(1)外形尺寸与厚度,特别是与插座、导轨配合的尺寸,是否在要求的范围内。

(2)导电图形的完整和清晰度,有无短路、断路、毛刺等。

(3)表面有无凹痕、划伤、针孔以及粗糙现象。

(4)焊盘孔及其他孔的位置及孔径有无漏打或打偏现象。

(5)镀层应平整光亮,无凸起、缺损现象。

(6)阻焊剂应均匀牢固,位置准确,助焊剂也应均匀。

(7)板面平直无明显翘曲,翘曲度过大应进行矫正。

(8)字符应标记清晰、干净,无渗透、划伤、断线。

2. 连通性检验

可使用万用表对导电图形的连通性能进行检测,重点检验双面板的金属化孔和多层板的连通性能。

3. 绝缘性能检验

检测同一层不同导线之间或不同层导线之间的绝缘电阻,以确认印制板的绝缘性能。检测时应在一定温度和湿度下按印制板标准的要求进行。

4. 可焊性检验

检验焊料对导电图形的润湿性能,用润湿、半润湿和不润湿表示。润湿表示焊料在导线或焊盘上能充分漫流,形成黏附性连接;半润湿是指焊料润湿焊盘表面后,因润湿不佳而造成焊料回缩,在基底金属上留下一层薄焊料层;不润湿是指焊盘表面不能黏附焊料的情况。

5. 镀层附着力检验

镀层附着力可采用胶带试验法。将质量好的透明胶带粘到要测试的镀层上,按压均匀后快速掀起胶带一端扯下后镀层无脱落为合格。此外,还有铜箔抗剥强度、镀层成分、金属化孔抗拉强度等多种指标,应根据印制板的要求选择检测内容。

(二)印制电路板的修复

由于各种原因,印制导线可能会出现划痕、缺口、针孔、断线等现象,这些现象会造成导线截面积的减小。另外,焊盘或印制导线的起翘也是一种缺陷。对于印制导线出现以上的缺陷,只允许每根导线最多修复两处,一般情况下每块印制电路板返修不得超过六处,修复后的导线宽度和导线间距应在允许的公差之内。

1. 印制导线断路的修复

(1)跨接法。

①跨接点尽量选用元器件的引线、金属化孔或接线柱。

②清除跨接点处表面的涂覆层,并用异丙醇清洗干净,再用烙铁头除去跨接点处的多余焊料。

③截取一段镀锡导线,并每一端都绕接在元件的引线上或连接在金属化孔中(如图5.3所示)。

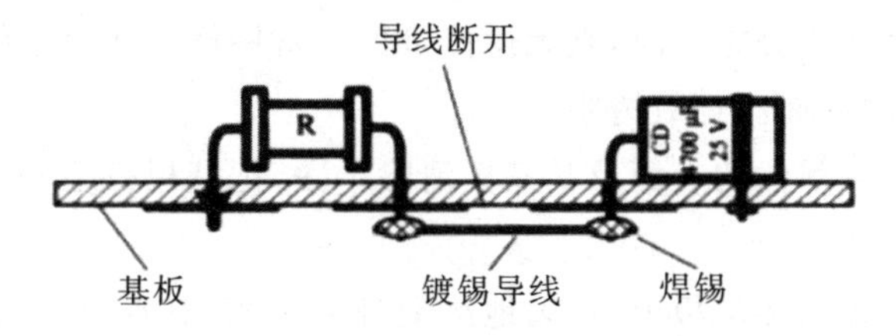

图 5.3　跨接连线法

④将跨接点涂焊剂,进行锡焊。

⑤用异丙醇清洗跨接处的残渣。

⑥跨接导线较长时,应套上聚四氟乙烯套管。

跨接法操作简单,印制电路板的正反两面都可以进行跨接。

(2)搭接法。

①应去除印制导线上返修处的表面涂覆层,可用橡皮擦把断路处(至少 8mm)擦干净,再用异丙醇清洗。

②截一段镀锡铜导线(长 20mm 左右),放在断路处的印制导线上涂上焊剂,然后进行锡焊(图 5.4)。

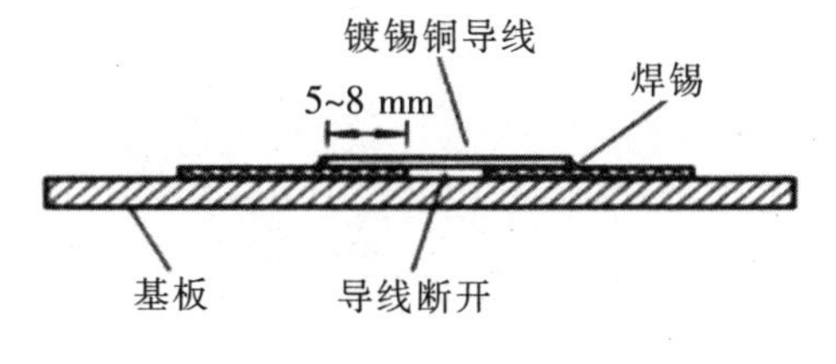

图 5.4　搭接导线法

③用异丙醇把焊接处的焊剂残渣清洗干净。

④在返修区内涂上少量的环氧胶合剂，使其固化。

(3)补铜箔法。

①用外科手术刀把印制导线损坏的部分剥除，用磨石把已剥除印制导线的基板部位打毛，然后用洁净的布蘸上异丙醇进行清洗。

②按被剥除印制导线的形状剪一片带有环氧树脂黏结剂的薄膜，再按薄膜的形状或稍长于薄膜剪一条铜箔。

③把薄膜放在已打毛的原印制导线的位置上，再放上已打光的、并用异丙醇清洗过的铜箔。

④用烙铁压住铜箔的中心，从两端拉紧铜箔，加上焊剂、焊料，把铜箔的端部与原有的印制导线焊接好。

⑤用异丙醇清洗掉连接部位的焊接残渣，再涂上表面涂料。

2. 印制导线起翘的修复

当印制导线的一部分与基板脱开，但又保持不断时，叫作导线起翘。起翘的导线长度超过本根导线总长度的二分之一时，则无返修价值。常用修复起翘导线的方法有两种。

(1)在印制导线的底面涂环氧树脂。

①把印制导线起翘部位的表面及其基板清除干净，把基板打毛，然后用异丙醇清洗干净这些部分。

②在起翘导线的底面和基板上，均匀地涂上环氧树脂，在起翘的导线部位加压，并使之粘牢固化。需要时应涂上表面涂料。操作时一定要注意不要把起翘的导线弄断。

(2)在印制导线表面涂环氧树脂。

当印制电路板上元器件的密度很高，又不能在印制导线的底面挤入环氧树脂时才用此法。

①把起翘的印制导线表面及其周围的基板表面打磨干净，并用异丙醇清洗干净。

②在起翘的导线表面及其周围的基板上，均匀地涂上环氧树脂，环氧树脂涂层应稍微厚些，并使之固化。应该注意的是，以上两种方法粘接的印制导线，在固化之前不得进行其他加工。

第六章　智能电子产品设计与制作实践研究

电子产品的设计越来越向着智能化、多元化方向发展，许多智能程度很高的电子产品极大地改善了人们的生活。本章节便通过列举案例，对智能电子产品的设计与制作进行分析，内容包括智能电子产品概述及智能燃气表、智能水表、智能消火栓、智能电表、智慧路灯、通信装置、表类产品采集终端的设计与制作分析。

第一节　智能电子产品概述

一、智能的内涵

随着现代通信技术、计算机网络技术以及现场总线控制技术的飞速发展，全球消费电子行业正呈现智能化的趋势，世界正跨入一个智能化的电子消费品时代。数字化、网络化和信息化正日益融入人们的生活，双核智能手机、裸眼3D智能手机、不闪式全高清3D智能电视、智能平板、智能清洁机器人等层出不穷，如今的电子产品正越来越倾向于智能化。同时，"制作系统正由原来的能量驱动型转变为信息驱动型"[①]，发展智能工业，是"抢占未来经济和科技发展制高点的战略选择"。[②]

智能的概念及智能的本质是古今中外许多哲学家、思想家及科学家等大家一直在努力探索和研究的问题，但至今仍然没有完全了解。所以智能的发生与物质的本质、宇宙的起源、生命的本质一起被列为自然界四大奥秘。[③]

人体所有活动（包括运动、感知、思维、代谢等）都是由神经系统控制的。[④] 近年来，随着脑科学、神经心理学等研究的进展，人们对人脑的结构和功能有了初步认识，但对整个

---

① 莫海军．现代工程认知教程[M]．广州：华南理工大学出版社，2019：115．

② 孟根龙，杨永岗，贾卫列．绿色经济导论[M]．厦门：厦门大学出版社，2019：221．

③ 王蓉．工业设计与人工智能[M]．长春：吉林美术出版社，2019：81．

④ 杨杰．人工智能基础[M]．北京：机械工业出版社，2020：7．

神经系统的内部结构和作用机制，特别是脑的功能原理还没有认识得十分彻底，有待进一步的探索。因此，就目前而言，很难对智能给出确切的定义。

现在科学研究领域一般认为，智能是指个体对客观事物进行合理分析，判断及有目的地行动和有效地处理周围环境事宜的综合能力。

二、实现智能电子产品的必要部件

1. 传感器

传感器的定义：传感器是一种物理装置或生物器官。能够探测、感受外界的信号、物理条件（如光、热、湿度）或化学组成（如烟雾），并将探知的信息传递给其他装置或器官。“一切获取信息的仪表器件都可称为传感器。”①

传感器的作用：能对外界信号进行感知、分析。

常见的传感器有：位置传感器、液面传感器；热敏传感器、湿敏传感器、气敏传感器；压力传感器（极化效应）；颜色传感器（TCS230）。

2. 控制器

控制器的作用：模拟人脑分析、判断、处理所检测到的信号。

常用控制器有：计算机；PLC（可编程控制器）；嵌入式微控制器，又称单片机（ARM等）；DSP（数字处理器）。

三、智能电子产品的分类

智能电子产品可分为家电产品、智能玩具及智能家居系统。

1. 智能家电产品

智能家电就是微处理器和计算机技术引入家电设备后形成的家电产品。具有自动监测自身故障、自动测量、自动控制、自动调节与远方控制中心通信功能的家电设备。

智能家电产品有智能电视、可视电话、智能冰箱、智能烤箱、全自动洗衣机、智能电灯开关、智能灯光控制、智能清洁机器人、智能指纹锁等。

2. 儿童智能玩具

如果用综合市场上大部分智能玩具功能的一些共性给智能玩具下一个定义的话，那就是：有动物或者娃娃造型、会说话、能与人产生一些简单互动的玩具。智能玩具已经把毛绒玩具、橡胶娃娃、芯片、数码技术等不同行业的一些产品整合在了一起。不仅孩子爱玩。还能达到很强的寓教于乐的效果。

儿童智能玩具有语音识别玩具、玩具机器人等。

3. 智能家居系统

智能家居的概念起源于20世纪80年代初，随着大量采用电子技术的家用电器面市，

① 闻邦椿．机械设计手册：机电一体化技术及设计[M]．北京：机械工业出版社，2020：70．

住宅电子化开始实现。[①] 智能家居是利用先进的计算机技术、网络通信技术、综合布线技术，依照人体工程学原理，融合个性需求，将与家居生活有关的各个子系统如安防、灯光控制、窗帘控制、煤气阀控制、信息家电、场景联动、地板采暖等有机地结合在一起，通过网络化综合智能控制和管理，实现"以人为本"的全新家居生活体验。

智能家居功能如下：家庭联网功能、远程控制功能；防盗报警功能、防灾报警功能、求助报警功能；场景控制功能、定时控制功能；联动控制功能。

实例 1：当回到家中，随着门锁自动开启，家中的安防系统自动解除室内警戒，廊灯缓缓点亮，空调、通风系统自动启动，最喜欢的背景音乐轻轻奏起。

实例 2：在家中，只需一个遥控器就能控制家中所有的电器。

实例 3：每天晚上，所有的窗帘都会定时自动关闭。入睡前，在床头边的面板上，触动"晚安"模式，就可以控制室内所有需要关闭的灯光和电器设备，同时安防系统自动开启处于警戒状态。

4. 智能仪器仪表

智能仪器仪表是指含有微型计算机或者微型处理器的测量仪器与仪表，拥有对数据的存储运算逻辑判断及自动化操作等功能。智能仪器仪表的出现，极大地扩充了传统仪器的应用范围。智能仪器仪表凭借其体积小、功能强、功耗低等优势，迅速地在家用电器、科研单位和工业企业中得到了广泛的应用。工业用三大仪表为温度仪表、压力仪表、流量仪表。

5. 集散控制系统

分散控制系统(Distributed Control System，DCS)，国内一般习惯称之为集散控制系统，它是计算机控制系统中具有各种功能的计算机程序总和。[②] DCS 是一个由过程控制级和过程监控级组成的，以通信网络为纽带的多级计算机系统，综合了计算机、通信、显示和控制等 4C 技术。其基本思想是分散控制、集中操作、分级管理、配置灵活以及组态方便。

从结构上划分，DCS 包括过程级、操作级和管理级。过程级主要由过程控制站、I/O 单元和现场仪表组成。是系统控制功能的主要实施部分。操作级包括：操作员站和工程师站，完成系统的操作和组态。管理级主要是指工厂管理信息系统(Management Information System，MIS)，作为 DCS 更高层次的应用。

---

① 张锦南，袁学光．物联网与智能卡技术[M]．北京：北京邮电大学出版社，2020：171.

② 王再英，刘淮霞，彭倩．过程控制系统与仪表[M]．北京：机械工业出版社，2020：286.

第二节 智能燃气表设计与制作

一、燃气表报警器接线转接装置

1. 传统燃气表报警器的缺陷

燃气使用的安全与否直接关系到人民的生命财产安全，而目前的报警器与燃气表连接时，报警器电源与燃气表的外部电源直接连接，这种做法存在如下缺陷：一、由于报警器的电源长久的给燃气表供电，当报警器的电源纹波较大时，会使燃气表的计量产生偏差，造成计量精度不准；二、当报警器采集到报警信号后，报警信号会一直供给燃气表，在没有报警器信号取消的情况下，无形中增加燃气表的功率消耗。因此如何实现燃气表和报警器可靠连接，成为目前亟待解决的问题。

下面，本书提供一种安全可靠的新型燃气表报警器接线转接装置。

2. 新型燃气表报警器接线转接装置介绍

图 6.1 所示，这一新型燃气表报警器接线转接装置包括报警器输出侧端口、燃气表接入侧端口和转接装置，该装置的输入端与报警器输出侧端口相连，其输出端与燃气表接入侧端口相连。

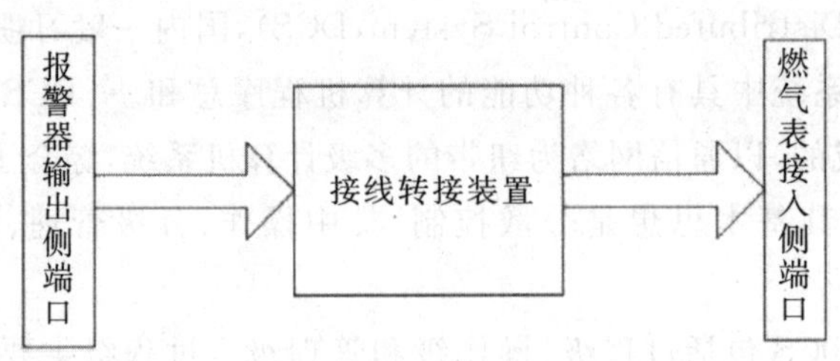

图 6.1 新型燃气表报警器接线转接装置功能框图

本装置采集报警器的告警信号，然后传输到燃气表主控单元的 CPU，由该 CPU 通过 GPIO(General－Purpose Input/Output，通用输入与输出)口控制着阀门的开闭。工作时，当空气中的燃气浓度达到某一值时，报警器会向燃气表发送告警信号；与此同时，报警器电源开始向燃气表的电路供给电压，确保燃气表在有燃气泄漏的情况下，其 CPU 可实现可靠的关阀操作，减少不必要的损失。

图 6.2 所示，本装置的转接装置包括 MOS 管 V1、上拉电阻 R14 和公共连接端。MOS 管 V1 的 1 脚与报警器输出侧继电器 K3 的 6 脚相连，此 1 脚还通过上拉电阻 R14 与报警器电源 V5P0 相连，同时此 1 脚与燃气表接入侧端口 XS1 的 2 脚相连，用于传递报警器的告警信号 Alarm。MOS 管的 2 脚与报警器电源 V5P0 相连。MOS 管的 3 脚与燃气表外部电源 V5P0A 相连。公共连接端接地，该公共连接端与报警器输出侧端口的继

电器 K3 的 5 脚相连。

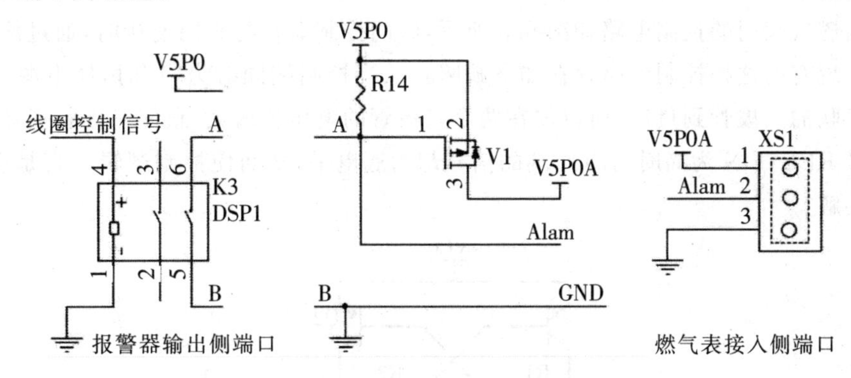

图 6.2　新型燃气表报警器接线转接装置具体实施方式

报警器电源与燃气表的外部电源通过 MOS 管进行连接。工作时，当燃气泄漏达到某一浓度时，报警器端的继电器 K3 的线圈动作，继电器 K3 的 5 脚、6 脚所处的常开触点闭合，使 MOS 管 V1 的 1 脚被接到电源地上，此时 MOS 管 V1 的 2 脚、3 脚导通，报警器电源 V5P0 通过 MOS 管 V1 连接到燃气表接入侧端口 XS1 的 1 脚，从而给燃气表供电。与此同时，MOS 管的 1 脚还通过燃气表接入侧端口 XS1 的 2 脚与燃气表的 GPIO 口相连，用于将告警信号 Alarm 传至燃气表的 CPU。CPU 接收到这一告警信号后，通过其 GPIO 口执行关闭阀门的命令。

当燃气的浓度小于燃气泄漏的某一值时，报警器端的继电器 K3 的线圈释放，继电器 K3 的 5 脚、6 脚所处的常开触点断开。此时 MOS 管 V1 的 1 脚为高电平，MOS 管 V1 的 2 脚、3 脚断开，燃气表侧的外部电源被切断，相应的燃气表接入侧端口 XS1 的 2 脚也变为高电平，告警信号消除。

该转接装置中的 MOS 管可采用增强型 P 沟道绝缘栅场效应管。

该转接装置中的电阻起上拉的作用，保证在没有告警信号的情况下，MOS 管 V1 的 2 脚、3 脚可靠断开，从而确保燃气表的外部电源回路的可靠接通和断开。燃气表的外部电源的控制不需要专门的控制信号，仅通过告警信号就可实现对该外部电源通断的控制。

燃气表的 CPU 可以记录报警器输出的燃气泄漏的记录，通过有线 RS485 通信方式发送到购气监控系统，便于燃气工作人员做好排查，将事故损失降到最低。

二、燃气表阀门控制电路

1. 传统燃气表阀门控制电路的缺陷

随着国家经济技术的发展和人们生活水平的提高，燃气已经成为人们生活中必不可少的能源之一。

目前的燃气表内部都有一个阀门装置，该阀门装置用于切断阀门通道，关闭气源。关闭气源，一方面能够保障用户的用气安全，另一方面也能够督促用户及时缴费，避免恶意欠缴费用的情况,减少不必要的损失。

目前燃气阀门的控制电路如图 6.3 所示,阀门控制器在与阀门连接时,通过两对三极管相连。现有的这种控制电路存在如下缺陷:一、当控制端同时为“1”时,使电源 VCC 通过两个串联的三极管到负极,所以加在两个三极管的电压会增大,致使三极管损坏;二、当控制信号 REL_ON 为高时,JDQ_+ 端的信号却为底电平,从而使控制逻辑一直是反的,容易产生误解。

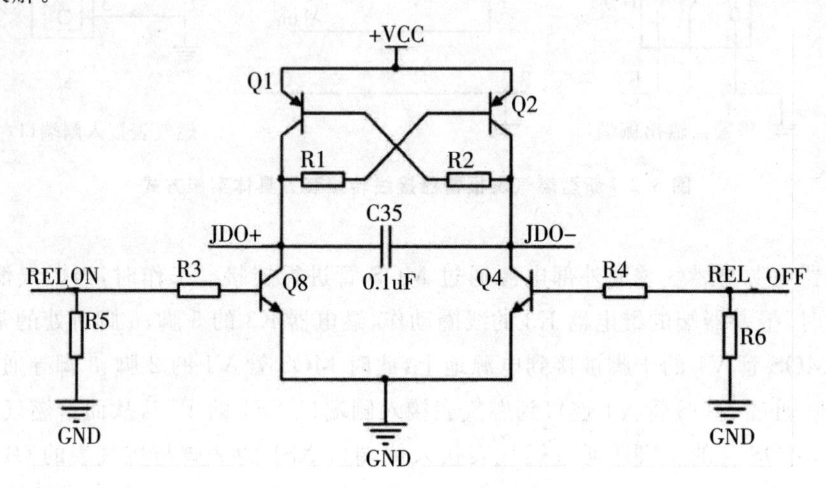

图 6.3 目前燃气阀门的控制电路

下面,本书提供一种可靠电路,即使电路电平错误时也不会损坏电路器件的燃气表阀门控制电路。

2. 新型燃气阀门控制电路介绍

如图 6.4 所示,为新型燃气阀门控制电路的电路示意图,这种燃气表阀门控制电路,包括控制器、阀门开启动开关(图中标示 SW4)、阀门开驱动开关(图中标示 SW6)、阀门关启动开关(图中标示 SW5)、阀门关驱动开关(图中标示 SW7),滤波保护电容(图中标示 C),阀门开上拉限流电阻(图中标示 R1)、阀门关上拉限流电阻(图中标示 R2)、阀门开辅助开关(图中标示 SW8)和阀门关辅助开关(图中标示 SW9);阀门开启动开关的控制端连接控制器,阀门开启动开关的活动触点一端与地连接,另一端通过阀门开上拉限流电阻与电源连接,同时还与阀门开辅助开关的控制端、阀门开驱动开关的控制端连接;阀门开驱动开关的活动触点一端与电源连接,另一端输出阀门开的驱动信号;阀门开辅助开关的活动触点一端连接阀门开的驱动信号,另一端与地连接;阀门关启动开关、阀门关驱动开关、阀门关辅助开关、阀门关上拉限流电阻采用同样的电路连接方式接入燃气表阀门控制电路。

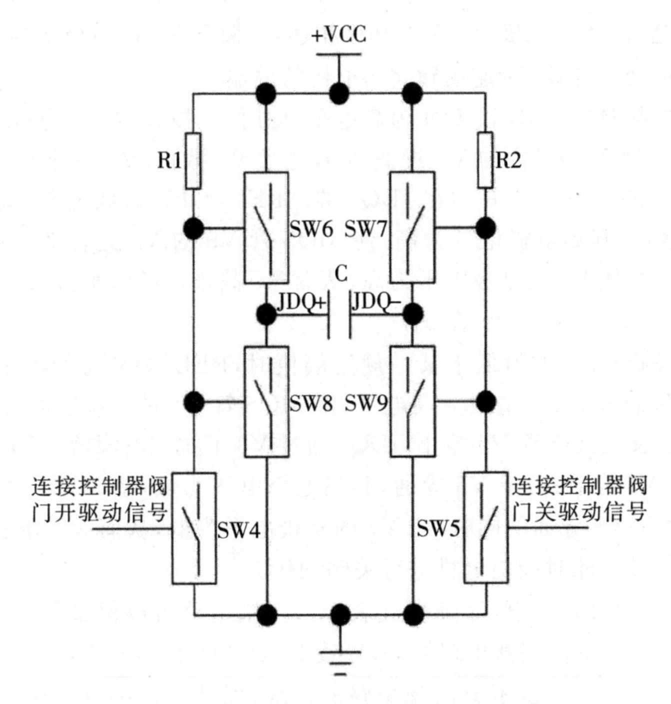

图 6.4　新型燃气阀门控制电路电路示意图

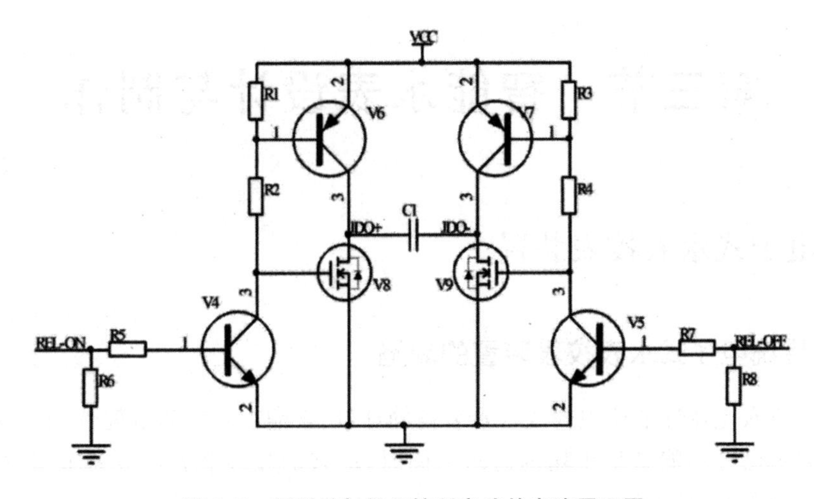

图 6.5　新型燃气阀门控制电路的电路原理图

图 6.5 所示，为新型燃气阀门控制电路的电路原理图，控制器控制脚 REL_ON 与电阻 R5 和 R6 相连，R5 的另一端与三极管 V4 的基极相连，R6 的另一端与电源地相连，三极管 V4 的射极端与电源地相连，V4 的集电极端一方面与 V8 的栅极相连，另一端与 R2 相连，R2 的另一端除与 R1 端相连外，还与三极管 V6 的基极相连，三极管 V6 的射极端与 R1 的另一端共同接到电源 VCC 处。控制器控制脚 REL_OFF 与电阻 R7 和 R8 相连，R7 的另一端与三极管 V5 的基极相连，R8 的另一端与电源地相连，三极管 V5 的射极端与电源地相连，V5 的集电极端一方面与 V9 的栅极相连，另一端与 R4 相连，R4 的另一

端除与 R3 端相连外，还与三极管 V7 的基极相连，三极管 V7 的射极端与 R3 的另一端共同接到电源 VCC 处。电容 C1 连接到阀门电机的两端。

工作时，当控制器控制 REL_ON 为高电平，此时，三极管 V4 导通；由于 V4 导通，其集电极被拉低，使 MOS 管 V8 的 V_{GS} 近似为 0，此时 V8 截止；V4 的导通，又使三极管 V6 导通，电源 VCC 通过三极管 V6 加在 JDQ_+ 端。REL_OFF 为低电平，此时，三极管 V5 截止；由于 V5 截止，其集电极电压为高，使 MOS 管 V9 的 V_{GS} 近似为 VCC，此时 V9 导通；V5 截止的同时，使 V7 的基极电平为高，从而 V7 截止；所以，使 JDQ_+ 通过 V9 接到电源地端。此时阀门电机进行开阀动作。

当控制器检测到气量数值低于某一规定阈值时，REL_ON 为低电平，此时，三极管 V4 截止；由于 V4 截止，其集电极为高电平，使 MOS 管 V8 的 V_{GS} 近似为 VCC，此时 V8 导通；V4 的截止，又使三极管 V6 截止，JDQ_+ 通过 V8 下拉到电源地。REL_OFF 为高电平，此时，三极管 V5 导通；由于 V5 导通，其集电极电压为低，使 MOS 管 V9 的 V_{GS} 近似为 0，此时 V9 截止；V5 导通的同时，使 V7 的基极电平为低，从而 V7 导通；电源 VCC 通过 V7 接到 JDQ_- 端。此时阀门电机进行关阀动作。

从上述工作过程可以知道，这种燃气表阀门控制电路可以保证阀门的可靠动作；而且，即使受到干扰或者是控制器出现故障，导致 REL_ON 信号和 REL_OFF 信号同时为高电平或低电平，控制电路也不会出现短路的情况，保证了控制电路中各个器件的安全运行。

第三节 智能水表设计与制作

一、电子式水表校表装置

(一)传统电子式水表校表装置的缺陷

随着各供水企业逐渐认识到流量水表精确计量、智能化管理的重要性，原有机械式水表的计量方式已经不能满足市场的需求。同时，原有的校表装置将要被新装置所取代。传统式校表装置的缺陷：

1. 校表效率低。由于必须通过手动调节基表流量误差的方式，很难实现自动化统一校表；

2. 容易出现人为错误。由于采用的是人工读取机械表头数据的方式，不可避免地出现读数错误或者有偏差的情况。

下面，本书提供一种能自动校验水表且降低误差率的电子式水表校表装置。

(二)新型电子式水表校表装置设计与制作

图 6.6 中，本装置包括待校表、校表台体和信号处理模块，其中，校表台体包括走水部

件和台体处理器模块。待校表通过其 MCU 的串口与信号处理模块的 TTL 总线接口连接,用于将待校表的叶轮原始圈数计数信号以 TTL 方式传至信号处理模块;信号处理模块的 RS485 总线接口与台体处理器模块的 RS485 总线接口连接,用于将处理后的待校表叶轮原始圈数计数信号传至台体处理器模块;台体处理器模块的 M_Bus 总线接口与待校表的 M_Bus 总线接口连接,用于将待校表的实测走水数据与校表台体标准走水数据的比对结果反写到待校表中。台体处理器模块与走水部件连接,用于走水部件中流量阀门的控制。

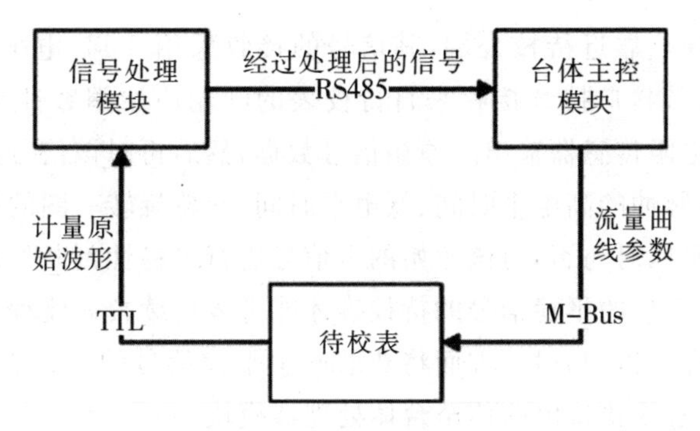

图 6.6　本装置功能框架图

待校表包括水表基表、MCU 和计量采样部件。计量采样部件包括若干磁敏传感器。水表基表包括底座和一个环形磁铁,该环形磁铁安装在水表基表的叶轮转动轴端部。若干磁敏传感器都布置在与环形磁铁相对的底座的一面,位于环形磁铁的垂直正上方,用于将感应的该环形磁铁的磁极变换信息转换为电信号;若干磁敏传感器的输出端均与数据处理部件的输入端连接。环形磁铁可采用两对磁极的多极充磁方式的铁氧体材料的磁铁。磁敏传感器可采用隧道磁电阻传感器。

待校表将水流量的原始信息以电信号的方式传输给信号处理模块,信号处理模块对该原始的电信号转化为对应的信号时间差及其周期 T,以 RS485 总线的形式传输到台体处理器模块;台体处理器模块将接收到的该待校表的实际走水数据与台体本身的标准走水数据进行比较分析,将分析结果通过总线的形式下发到对应的待校表中,从而实现对待校表的调校。

图 6.7 所示,信号处理模块即信号的中继器,其包括与待校表连接通信的 TTL 总线接口、从待校表原始信号中获取其信号时间差和周期 T 的信号处理器、与台体处理器模块连接通信的 RS485 总线接口电路和存储器。

图 6.7　本装置的信号处理模块原理示意图

由于信号处理模块靠近待校表端，其信号的接收采用 TTL 电平的形式。信号处理器首先通过 TTL 总线接口持续接收来自待校表的叶轮原始圈数计数信号，即读取待校表的基表中隧道磁电阻传感器输出的原始信号数据，然后再对该信号进行捕获处理，转化为相应的具体数值：脉冲的高电平时间、低电平时间、叶轮旋转一圈的周期时间 T；接着是根据该信号的高电平匹对与否，对该原始的电信号进行平稳性判断处理，即对该原始的电信号进行初筛，只有产生的平稳信号的待校表才能进入后续校表流程；最后一方面把处理的数据保存到内部存储器中；另一方面将获取产生平稳信号的待校表的信号时间差及其周期 T 通过 RS485 总线接口电路传至台体处理器模块。

校表台体包括走水部件和台体处理器模块。走水部件包括控制水流的稳压泵、加压设备等。本装置通过对该电控泵的流量阀门的控制，实现该阀门的自动开与关。稳压泵能确保校表所需的水流信号平稳。

图 6.8 所示，台体处理器模块包括与信号处理模块连接通信的 RS485 总线接口、从待校表的实测走水数据以及校表台体的标准走水数据的比对中获取待校表的流量曲线参数的台体处理器、与待校表连接通信的 M－Bus 总线接口电路、上位机显示屏、模拟数据采集模块、台体夹表到位检测模块和电磁阀控制模块。上位机显示屏与台体处理器连接，模拟数据采集模块的输出端与台体处理器连接，用于将采集的模拟数据传至台体处理器，台体夹表到位检测模块的输出端与台体处理器的输入端连接，用于将待校表在校表台体的安装情况传至台体处理器，电磁阀控制模块的输入端与台体处理器的输入端连接，其输出端与走水部件的流量阀门的控制电磁阀连接。

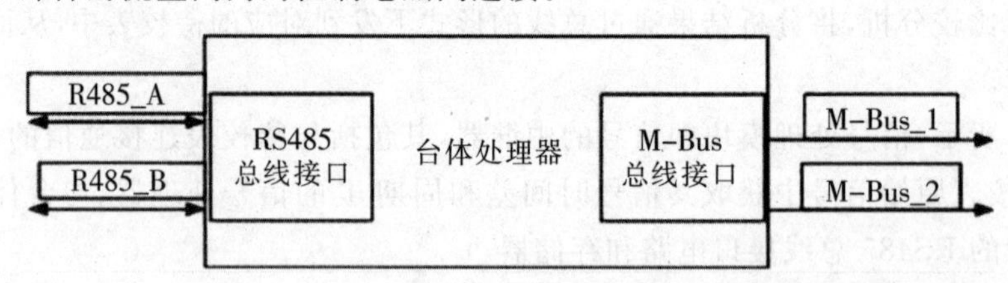

图 6.8　本装置的台体处理器模块原理示意图

台体处理器采用工控机。

具体操作过程为：首先通过台体处理器控制相应的电磁阀将进水阀门打开，并调节出水处的流量大小，检测相应的流量值。然后，根据台体处理器设定的走水量值，将实际通过校表台体中水泵称量到的走水量与信号处理模块处理后的信号进行采集，仿真出流量误差曲线，并将处理后的结果通过 M－Bus 总线的形式返写到待校的表计中，从而实现自动校表。

本装置采用自动化的校表流程，取代了传统的人工调节机芯流量的校表方法，提高了校表的效率；采用了台体处理器模块自动读数、计算的方式，减少了人为方面的错误，提高了校表的准确性；采用了一体式的水量稳压装置（稳压泵）和台体采样装置（模拟数据采集模块），提高了数据的稳定性。

二、水表计量模块

（一）传统水表计量模块的缺陷

现在生活中使用的绝大多数水表 90％以上为机械式水表。随着中国城市供水公司体制改革的不断深入，各供水企业逐渐认识到流量水表精确计量、智能化管理的重要性，因此水表本身的微小流量计量能力和精度的问题有待提高。传统式水表计量装置的缺陷：浪费水资源，由于计量的精度有限，在水流比较小的情况下，漏损大，难以计量准确。

下面，本书提供一种精度高且易维护的水表计量模块。

（二）新型水表计量模块设计与制作

图 6.9 所示，这种新型水表计量模块包括水表基表、数据处理部件和计量采样部件。计量采样部件采集水表基表的水量信息；计量采样部件的输出端与数据处理部件的输入端连接，用于将采样的水量信息传输至数据处理部件。

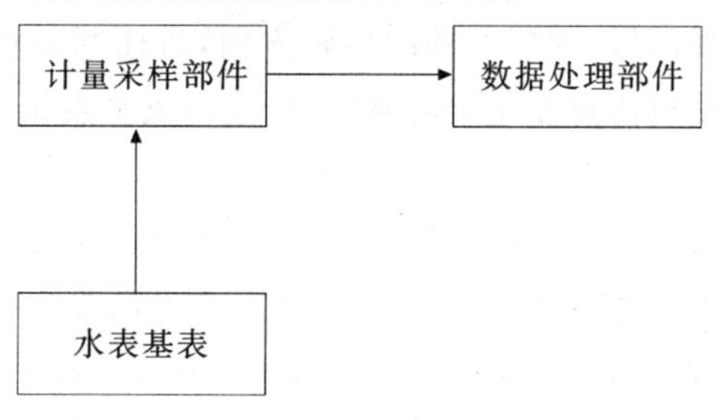

图 6.9　新型水表计量模块的功能框架图

水表基表包括机械式水表的表壳，以及机械式水表机芯的下半部分，内部带有与机芯上半部分传动的环形磁铁。

图 6.10 所示，计量采样部件包括两个磁敏传感器 2，水表基表包括底座 1 和一个环形磁铁 3。环形磁铁 3 安装在水表基表的叶轮转动轴 4 上，底座 1 的轴向中心线与叶轮传动轴 4 的轴向中心线在同一直线上，两个磁敏传感器 2 都布置在底座 1 与环形磁铁 3 相对的一面，位于环形磁铁 3 的垂直正上方，用于将感应的该环形磁铁 3 的磁极变换信息转换为电信号。

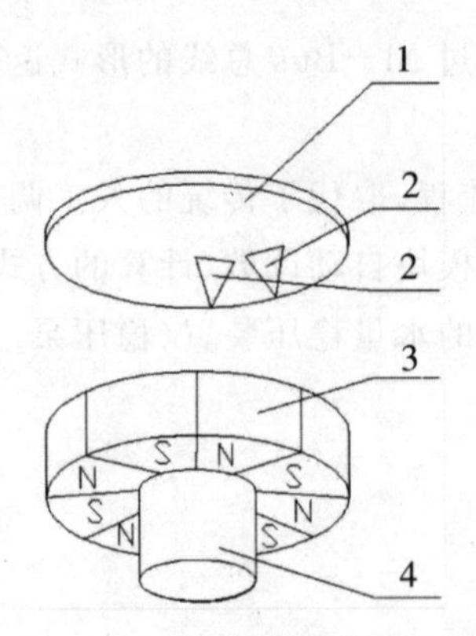

图 6.10　新型水表计量模块计量采样部件示意图

环形磁铁采用两对磁极的多极充磁方式的磁铁，采用材料为铁氧体材料的磁铁。两个磁敏传感器的安装角度在 10 ℃～90 ℃之间。

具体操作过程为：首先水流带动水表基表中的叶轮转动，带动安装在叶轮传动轴 4 上的环形磁铁 3 转动，形成周期性变化的磁场；再通过安装在底座 1 上的磁敏传感器 2 将变化的磁场信号转换成对应的电信号传至数据处理部件，数据处理部件中的微处理器对这些数据进行运算处理，最终获得水表的计量结果。

这种新型水表计量模块通过两个磁敏传感器检测水表基表中环形磁铁的旋转方向。当环形磁铁的 N 级靠近磁敏传感器时，磁敏传感器输出低电平；当环形磁铁的 S 级靠近磁敏传感器时，磁敏传感器输出高电平。两个磁敏传感器将采样到的水量信息以方波信号的形式传输到数据处理部件，数据处理部件的微处理器通过接收的来自两个磁敏传感器传来的高低不同的电平信号，判断磁铁的旋转方向，进而判断水表的水流方向。同时，数据处理模块通过计量磁敏传感器输出的脉冲数，换算成水表相应的转动圈数，由此获得水表相应的流量信息。

由于两个磁敏传感器相差一定的角度，使得在双磁极环形磁铁旋转一周时，可以获得 8 个磁场状态量。当水表的叶轮旋转方向为正转时，水表机芯每旋转一周，两个磁敏传感器共输出一组 8 个状态数据，即 10，11，01，00，10，11，01，00；数据处理部件将正转的用量信息数据传输至数据存储设备的正转存储区进行累加，水表反转的用量信息数值不变；当水表的叶轮旋转方向为反转时，机芯每旋转一周，两个磁敏传感器共输出对应的另一组 8 个状态数据，即 01，11，10，00，01，11，10，00；数据处理部件将反转的用量信息数据传输至数据存储设备的反转存储区进行累加；通过正转用量信息数据减去反转的用量信息数据，得到实际用水量的信息数值。反之，当水表安装成反方向时，可以通过磁敏传感器将反转用量信息数据减去正转的用量信息数据，得到实际用水量的信息数值。由此实现了正向数据的检测，也实现了反向数据的精确计量。

这种新型水表计量模块避免了传统机械/磁簧开关使用寿命和抗震动碰撞的问题；可在磁敏传感器常供电的情况下工作；在软件补偿算法的配合下，其计量特性有了实质性的提高。这种新型水表计量模块的计量方式可以根据用户的实际需要进行设置。

第四节　智能消火栓设计与制作

一、传统消火栓技术缺陷

消火栓是设置在建筑物外面消防给水管网上的供水设施，主要供消防车从市政给水管网或室外消防给水管网取水实施灭火，是扑救火灾的重要消防设施之一。现有消火栓存在如下缺陷：一、道路旁边或者居民楼内的消火栓，取水处的端盖时常处于遗失的状态；二、消防给水管道内部是否有备用的水源，无法通过肉眼查看到；三、消火栓的用水量情况，由于没有计量设备，水司管理部门无法进行统计。因此如何确保消防水管长期有水，且不会产生水资源的浪费成为目前亟待解决的问题。

为解决上述技术问题，下面本书提供一种稳定可靠的智能消火栓检测电路，能够及时知悉端盖是否被移动或取下，以及取水、用水情况。

二、新型智能消火栓检测电路设计与制作

图 6.11 所示，这种智能消火栓检测电路，包括微控制器电路、电源供给电路、水量信号采集电路、压力信号采集与端盖检测电路、通信电路和存储电路。其中，电源供给电路与微控制器电路的电源端相连；水量信号采集电路连接到微控制器电路的对应 I/O 接口上；压力信号采集与端盖检测电路连接到微控制器电路第一通道的 I2C 接口和对应的检测口上；通信电路连接微控制器电路的对应串口，用于将存储的数据发送到后台主站系统；存储电路连接到微控制器电路对应第二通道 I2C 接口上，用于存储水量信号和压力信号信息。微控制器电路的输出端还连接显示器。

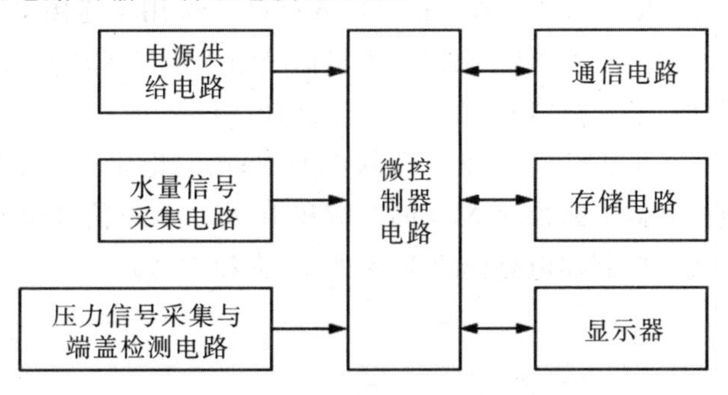

图 6.11　新型智能消火栓电路结构框图

图 6.12 所示，电源供给电路包括第一电容 C1、第二电容 C2、第一单相二极管 V1、电池插座 XS1。电池插座 XS1 内用于安装电池。电池插座 XS1 的正极端连接第一单相二

极管 V1 的正极端，第一单相二极管 V1 的负极端连接第一电容 Cl 的正极和第二电容 C2 的一端；电池插座 XS1 的负极端与第一电容 Cl 的负极和第二电容 C2 的另一端相连，并连接到电源地。

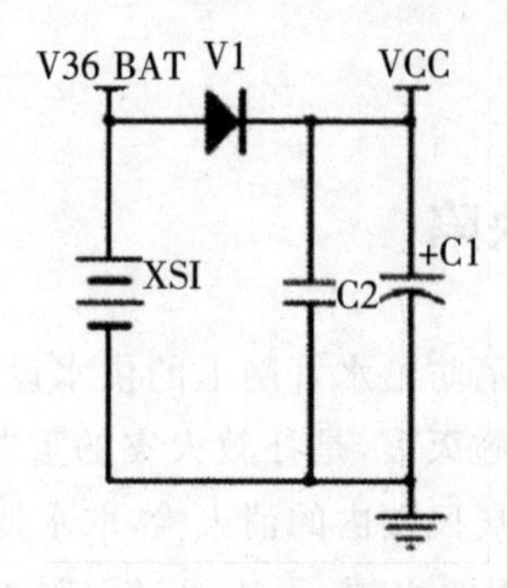

图 6.12　新型智能消火栓电源供给电路的电路原理图

图 6.13 所示，微控制器电路包括第七电容 C7 和集成微控制器电路模块 XS4。

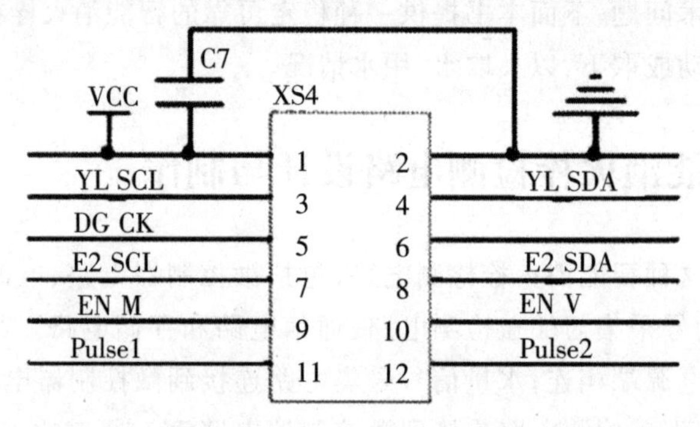

图 6.13　新型智能消火栓微控制器电路的电路原理图

图 6.14 所示，水量信号采集电路包括第三电阻 R3、第四电阻 R4、第三电容 C3、第五电容 C5、水量信号输入接口 XS2。水量信号输入接口 XS2 用于连接水量检测传感器。第三电容 C3 一端与第三电阻 R3 的一端以及水量信号输入接口 XS2 的 2 脚相连，第三电容 C3 的另一端接电源地；第五电容 C5 的一端与第四电阻 R4 的一端以及水量信号输入接口 XS3 的 3 脚相连，第五电容 C5 的另一端接电源地；第三电阻 R3、第四电阻 R4 的另一端分别连接集成微控制器电路模块 XS4 的 9 脚和 10 脚。水量信号输入接口 XS2 的 2 脚和 3 脚分别连接集成微控制器电路模块 XS4 的 11 脚和 12 脚。

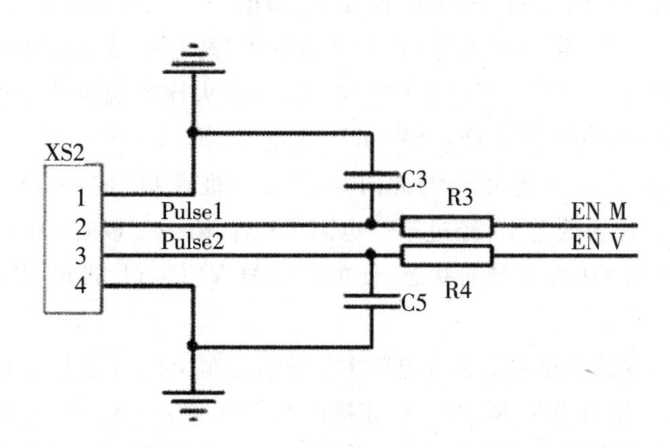

图 6.14 新型智能消火栓水量信号采集电路的电路原理图

图 6.15 所示，压力信号采集与端盖检测电路包括第一电阻 R1、第二电阻 R2、第八电阻 R8、第九电阻 R9、第十电阻 R10、第一三极管 Q1、第二三极管 Q2、第四电容 C4、压力信号输入接口 XS3。压力信号输入接口 XS3 用于连接压力传感器。第一电阻 R1 的一端与第二三极管 Q2 的集电极相连，并连接到集成微控制器电路模块 XS4 的 5 脚；第一电阻 R1 的另一端连接第一三极管 Q1 的基极；第一三极管 Q1 的集电极连接第九电阻 R9 的一端，并连接到压力信号输入接口 XS3 的电源 VCC_YL；第一三极管 Q1 的发射极接到第二电阻 R2 和第八电阻 R8 的一端；第二电阻 R2 的另一端连接电源 VCC；第八电阻 R8 的另一端与第九电阻 R9 的另一端均与第十电阻 R10 的一端相连，并将信号 DG_SW 连接到端盖的按钮处；第十电阻 R10 的另一端连接第二三极管 Q2 的基极，第二三极管 Q2 的发射极接电源地；第四电容 C4 的一端接电源地，另一端接压力信号输入接口 XS3 的电源 VCC_YL。压力信号输入接口 XS3 的 2 脚和 3 脚分别连接集成微控制器电路模块 XS4 的 3 脚和 4 脚。

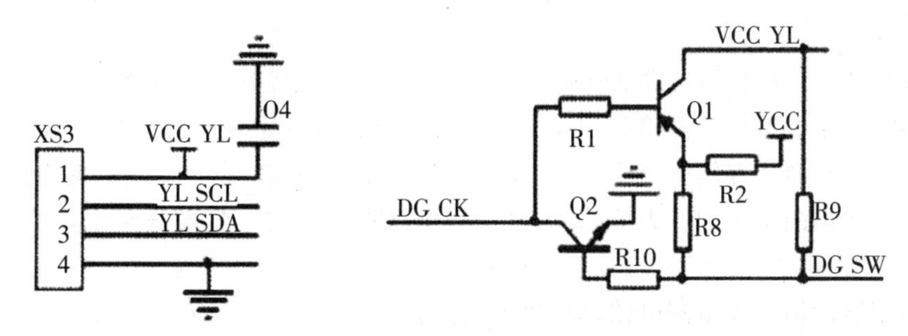

图 6.15 新型智能消火栓压力信号采集与端盖检测电路的电路原理图

上图中，第一三极管 Q1 和第二三极管 Q2 分别采用 PNP 和 NPN 的三极管，当有端盖移开时，会接通压力信号的电源，降低整个电路中的功耗，提高了电路的使用寿命。

正常情况下，消火栓的端盖盖在消火栓上，此时端盖按钮处于闭合状态，端盖检测信号 DG_SW 处于低电平，第二三极管 Q2 的基极为低电平，使得第二三极管 Q2 处于截止状态，与此同时，第二三极管 Q2 的集电极处于“高电平”状态，此时信号 DG_CK 为高电平，经过第一电阻 R1 后，第一三极管 Q1 的基极处于“高电平”状态，第一三极管 Q1 处于截止状态，从而电源信号 VCC_YL 处于“0”电压；当消火栓的端盖被移动时，此时端盖按钮处于断开状态，端盖检测信号 DG_SW 处于高电平，第二三极管 Q2 的基极为高电平，使得第二三极管 Q2 处于导通状态，与此同时，第二三极管 Q2 的集电极处于“低电平”状态，此时信号 DG_CK 为低电平，经过第一电阻 R1 后，第一三极管 Q1 的基极处于“低电平”状态，第一三极管 Q1 处于导通状态，使电源信号 VCC_YL 带电，供电给压力信号采集电路。

图 6.16 所示：存储电路包括第五电阻 R5、第六电阻 R6、第七电阻 R7、第六电容 C6、存储集成芯片 U1。第五电阻 R5 的一端连接电源 VCC，另一端连接存储集成芯片 U1 的 6 脚，并连接集成微控制器电路模块 XS4 的 7 脚；第六电阻 R6 的一端接电源 VCC，另一端接存储集成芯片 U1 的 5 脚，并连接集成微控制器电路模块 XS4 的 8 脚；第六电容 C6 的一端接电源 VCC，另一端接电源地，第七电阻的一端 R7 接电源地，另一端接存储集成芯片 U1 的 7 脚。

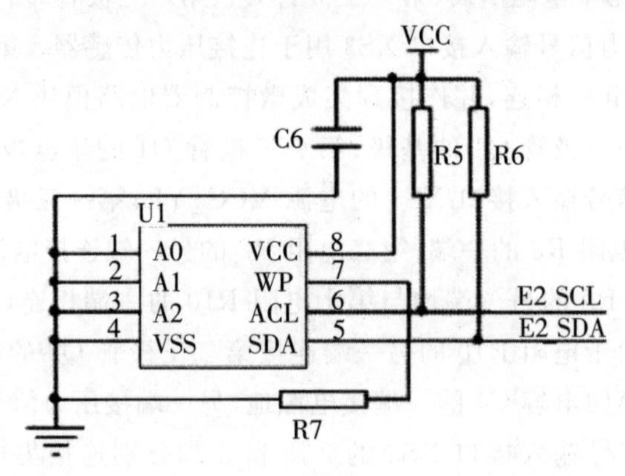

图 6.16 新型智能消火栓存储电路路的电路原理图

新型智能消火栓检测电路工作原理如下：集成微控制器电路模块 XS4 通过水量信号采集电路将水量检测传感器检测到的水量信息存储到存储电路中，通过将压力传感器检测到的水压值存储到存储电路中；通过端盖检测电路将端盖信息存储到存储电路中，通过显示器显示当前的水量和压力值，并通过通信电路将存储的信息发送到水司管理部门的后台控制中心。

本新型智能消火栓检测电路具有以下优点：

1. 通过设置压力信号采集与端盖检测电路，一旦端盖移动或者被人取下，就会接通压力信号的电源，记录此信息，并将信息发送至水司管理部门；

2. 一方面能够及时了解到消火栓中的水压状态，特别在遇到紧急用水的情况下，为消防人员提供取水依据；另一方面，水司管理部门及时了解到消火栓的用水情况，为漏损分析等需求提供数据支撑；

3. 压力信号采集与端盖检测电路中通过设置第一三极管 Q1 和第二三极管 Q2，分别采用 PNP 和 NPN 的三极管，只有在端盖移动或取下时才打开电源工作，从而降低整个电路中的功耗，提高电路的使用寿命；

4. 该智能消火栓检测电路中，微控制器电路与压力信号采集电路之间、微控制器电路与存储电路之间均采用 I2C 总线的通信方式，能够提高信号的稳定性。

第五节　智能电表设计与制作

一、传统电表的付费缺陷

目前普遍使用的预付费电能表为卡片式预付费电能表，包括 IC 卡和射频卡形式；此种表包括电源模块、电压电流采样处理单元、微控制器、内置继电器控制单元以及显示单元，能自动完成电量数据的采集、计量、显示、控制及提示报警等功能。用户通过卡片购置电量并在此表上使用后，获得了所购电量的使用权限；在用户用电的过程中，智能表中的微控制器自动核减剩余电量，所购电量用完后便会自动通过内置继电器断电，用户需重新购电才能正常使用。由于卡片预付费电能表的这种固有特性，目前有以下几点弊端：1. 用户难以实时了解当前的用电信息，同时需要用户去相应的电力公司营业厅才可以缴费，续费，给客户带来很大不便；2. 电力局无法根据市场情况及时调价，在能源价格上涨时造成巨大损失；3. 卡片式的预付费方式故障率高，不利于保管，易受潮湿环境和人为攻击干扰，增加了损坏的概率。

针对上述现有技术的不足，下面，本书提供一种能进行实时查询并可靠预付费的便携式预付费电能表。

二、新型便携式预付费电能表设计与制作

图 6.17 所示，本新型便携式预付费电能表包含供电电源单元、电压电流采集单元、内置继电器控制单元、存储单元和近场通信控制器模块，近场通信控制器模块整合了微控制器和近场通信单元。上述功能单元均与该近场通信控制模块上的微控制器相连，并由微控制器对上述功能模块实施总控制。所述电源检测单元包括主电源检测电路，其功能是为所述近场通信控制模块供电并将电源掉电或低电检测信号传送至所述近场通信控制器模块的微控制器；所述电压电流采样单元将采集到的电压、电流数据传至微控制器，再由微控制器与近场通信芯片进行数据传输，然后将数据信息和采集异常状态信息通过手机通信方式发送至抄表总站；所述近场通信控制器模块将接收到的控制信号通过微控制器对所述内置继电器控制单元进行控制。

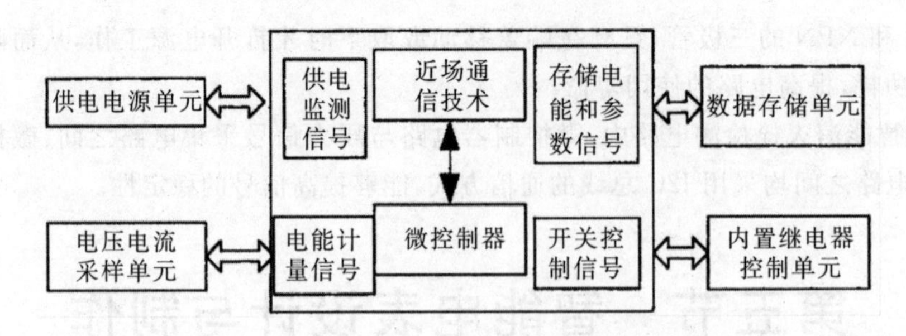

图 6.17　新型便携式预付费电能表功能模块图

此外，这种新型便携式预付费电能表上的新型电压电流采样单元有互感器采样方式或锰铜采样方式可供选择。重要数据在存储器内分区域多次保存，防止数据丢失并有效纠错。电能表近场通信控制器模块上的近场芯片将电量、金额数据通过用户手机传输至电力公司的监控中心，此外该近场芯片也可通过手机设备接收数据和控制命令，传送给微控制器。

图 6.18 所示，为这种新型便携式预付费电能表近场通信控制器模块的相关电路。近场通信控制器模块的供电部分是由外部电源经过变压整流后的电源 VBAT，通过电容 C2、电容 C3 和极性电容 Cl 并联且滤波后得到，之后接入所述近场通信控制器模块 D1 的 8 脚和 9 脚为其供电。

近场通信控制器模块 D1 的 17，18，19，20 脚分别读入电能量计量信号 CS，SCLK，SDO，SDI。NFC 模块 D1 的 15 脚输出关闭内置继电器控制信号 CTRL_MOTOR_CLOSE，其 16 脚输出打开内置继电器控制信号 CTRL_MOTOR_OPEN。具体为，当读入的计量信号数据超过存储器中设定的预充电能量数值时，其内置继电器打开，用户可以正常供电；当读入的计量信号数据低于存储器中设定的预充电能量数值时，其内置继电器关闭，用户必须充值才可正常使用。

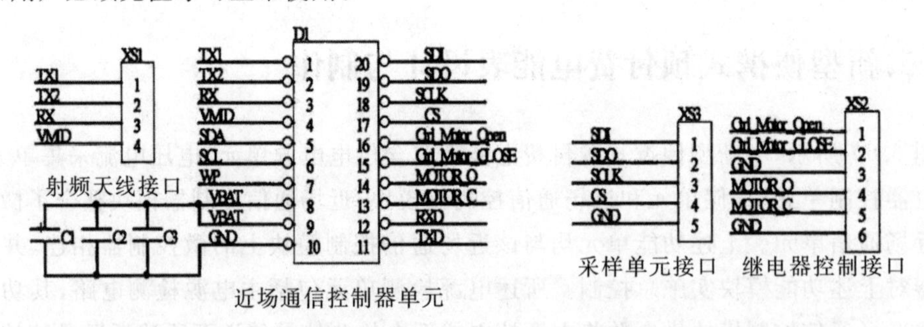

图 6.18　新型便携式预付费电能表近场通信模块电路原理图

近场通信控制器模块 D1 可通过手机客户端查询余额、当前电能表实时单价、总用电量、剩余电量和表号等信息。

使用时采用低功耗模式，设定周期唤醒，当探测到手机客户端下发数据时，将下发的数据保存在本新型电能表存储单元内。依靠互感器方式或者锰铜方式计量，通过近场通信方式接收充值金额等信息，并根据实时价格参数实现自动扣费。当剩余金额少于透支金额下限时，自动关阀，并具有电价调整策略。当出现外部人为干扰或开盖等影响电能量计量情况下，微控制器对内置继电器进行断开操作。

这种新型便携式预付费电能表利用近场通信技术与客户的手机客户端实现在近距离范围内互通，并通过移动互联网将手机客户端的数据信息传输到主站系统，电力管理部门通信设备信号，唯一通信地址被动唤醒抄表，根据短距离近场通信协议进行数据传输。抄表主站下发的金额、单价、使用金额下限等数据通过手机客户端下发至本电能表，本电能表上传日、月冻结数据、表计状态等信息至抄表主站，实现实时数据的抄读，电力公司可由此实现阶梯收费。本电能表的微控制器根据主站下发的数据实时处理居民用电数据、剩余金额，当用户电能量计量出现异常状态时，可将此异常状态上传至抄表主站系统，这时电力公司可保留证据或者通过远程控制直接对特定用户执行断开操作。

第六节　智慧路灯设计与制作

一、智能路灯控制器电路

（一）传统智能路灯控制电路的缺陷

为解决传统路灯能源浪费严重、管理手段单一的缺陷，近几年来，国内很多城市都已经开始采用智能路灯技术，对传统路灯进行改造。智能路灯可以实现定时自动开关、故障报警等功能，节约了能源也简化了管理和维护难度。然而，现有技术的路灯控制器电路缺少远程修改开关灯时间和实时路灯状态监测的功能，从而无法根据实际情况如重大活动或天气情况及时校时和修改开关灯时间，也无法实时查看具体路灯的使用功率或运行状态。

鉴于以上所述现有技术的不足，下面，本书提供一种支持远程修改开关灯时间和实时路灯状态监测的智能路灯控制器电路。

（二）新型智能路灯控制器电路设计与制作

图 6.19 和图 6.20 所示，新型智能路灯控制器电路包括主控制器、电源供电电路和路灯控制电路、电压检测电路、电流检测电路、光敏传感器电路、存储电路、摄像头检测电路和通信电路。主控制器 XS2 提供多个 A/D 采样接口、I2C 接口和串口。主控制器 XS2 的电源端与接地端之间设置第九电容 C9。

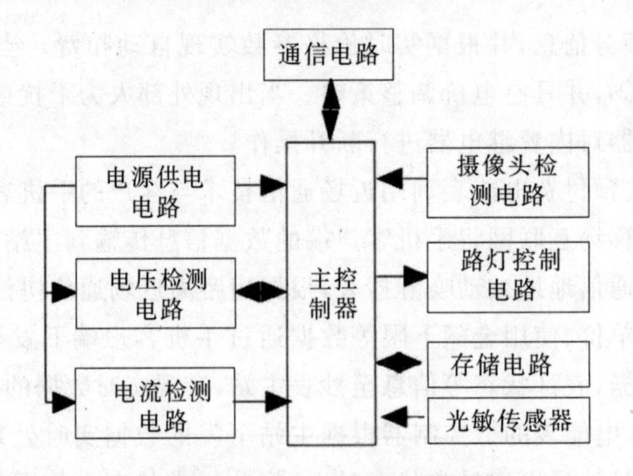

图 6.19　新型智能路灯控制器电路的电路功能模块图

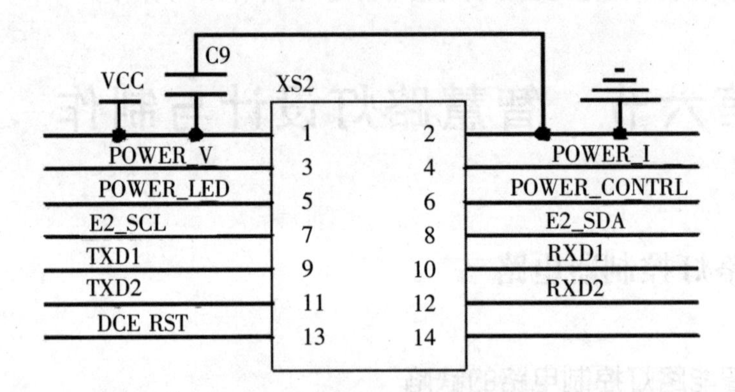

图 6.20　新型智能路灯控制器电路的主控制器电路示意图

电源供给电路与主控制器 XS2 的电源端相连。电压检测电路连接到主控制器 XS2 对应的第一 A/D 采样接口，电流检测电路连接到主控制器 XS2 对应的第二 A/D 采样接口，光敏传感器电路连接到主控制器 XS2 对应的第三 A/D 采样接口。存储电路连接到主控制器 XS2 对应的 I2C 接口，用于存储电压、电流和光敏信号信息。路灯控制电路通过主控制器 XS2 控制其通断，并用通断信号来控制路灯的开断。摄像头检测电路连接到主控制器 XS2 对应的第一串口，用于将有人或者车通过的数据信息传输到主控制器 XS2。通信电路连接到主控制器 XS2 对应的第二串口，一方面将存储的数据发送到后台主站系统，另一方面接收主站的命令。

图 6.21 所示，新型智能路灯控制器电路的电源供电电路包括电压转换模块 D2、低电压输出模块 D1、第一电容 C1、第二电容 C2 和第三电容 C3。电压转换模块 D2 的输入端分别连接 220 伏电源的正极和负极；电压转换模块 D2 的 3 脚连接低电压输出模块 D1 的 2 脚和 VDD，4 脚串联电阻 R1 和低电压输出模块 D1 的 3 脚，5 脚连接低电压输出模块 D1 的 1 脚和地，3 脚和 5 脚之间设置第二电容 C2。低电压输出模块 D1 的 3 脚连接 VCC，1 脚和 3 脚之间设置并联的第一电容 C1 和第三电容 C3。第一电容 C1 是有极性电容，其正极连接低电压输出模块 D1 的 3 脚。

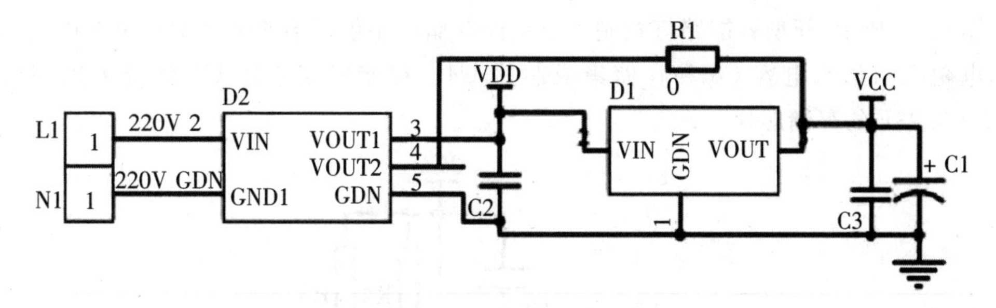

图 6.21　新型智能路灯控制器电路的电源供电电路示意图

图 6.22 所示，新型智能路灯控制器电路的电压检测电路包括电压互感器 J3(J3 为接口，与电压互感器通过线缆连接)和第六电容 C6。电压互感器 J3 的控制端和接地端分别连接主控制器 XS2 和地，且电源端和接地端之间设置第六电容 C6。

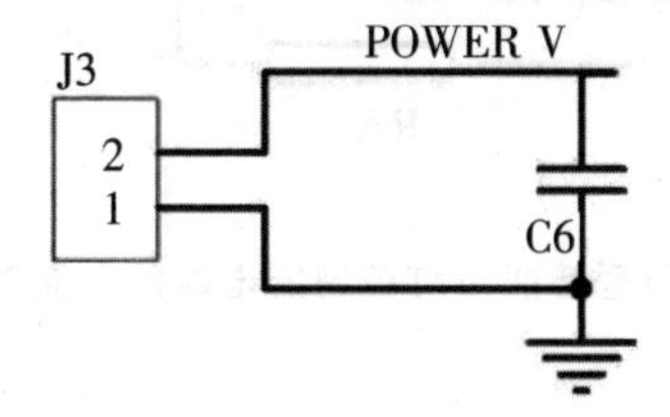

图6.22　新型智能路灯控制器电路的电压检测电路示意图

图 6.23 所示，新型智能路灯控制器电路的电流检测电路包括电流互感器 J1、第二电阻 R2 和第四电容 C4。电流互感器 J1 的控制端和接地端分别连接主控制器 XS2 和地，且电源端和接地端之间设置并联的第二电阻 R2 和第四电容 C4。

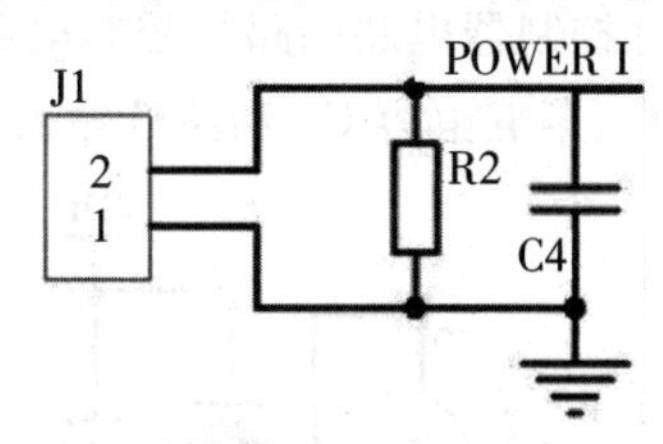

图 6.23　新型智能路灯控制器电路的电流检测电路示意图

图 6.24 所示，新型智能路灯控制器电路的光敏传感器电路包括光敏传感器 J3 和第七电容 C7。光敏传感器 J4 的控制端和接地端分别连接主控制器 XS2 和地，且电源端和接地端之间设置第七电容 C7。

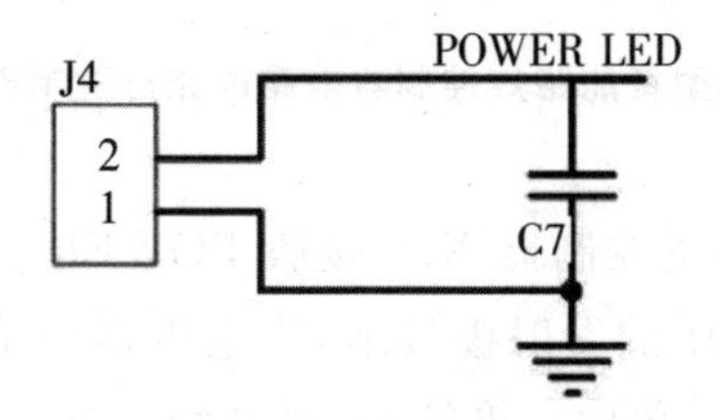

图 6.24　新型智能路灯控制器电路的光敏传感器电路示意图

图 6.25 所示，新型智能路灯控制器电路的存储电路包括第四电阻 R4、第五电阻 R5，第六电阻 R6、第八电容 C8 和存储集成芯片 U1。存储集成芯片 U1 优选采用型号为 MX25L3233F 的存储芯片。

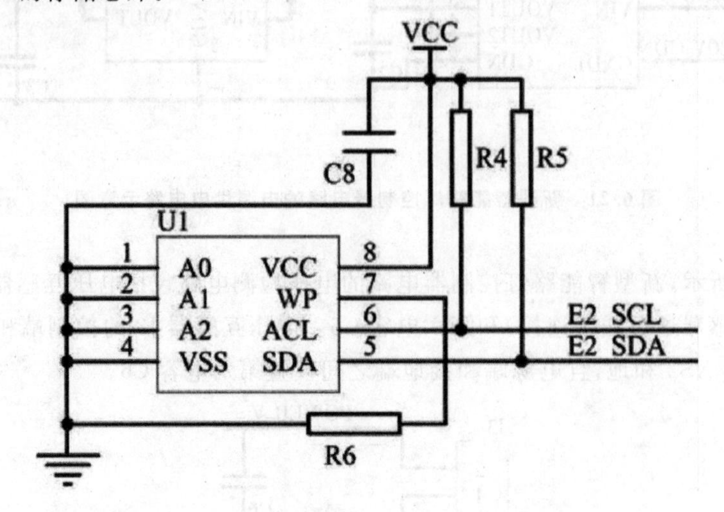

图 6.25　新型智能路灯控制器电路的存储电路示意图

第四电阻 R4 的一端接电源 VCC，另一端接存储集成芯片 U1 的 6 脚。第五电阻 R5 的一端接电源 VCC，另一端接存储集成芯片 U1 的 5 脚。第八电容 C8 的一端接电源 VCC，另一端接地。第六电阻 R6 的一端接地，另一端连接存储集成芯片 U1 的 7 脚。存储集成芯片 U1 的 1、2、3 和 4 脚连接第八电容 C8 接地的一端，8 脚连接电源 VCC，5 脚和 6 脚分别通过 E2_SCL 和 E2_SDA 信号连接到主控制器 XS2。

图 6.26 所示，新型智能路灯控制器电路的路灯控制电路包括三极管 Q1、单向二极管 D4、常开继电器 D3、第三电阻 R3、第五电容 C5 和路灯输入接口 J2。

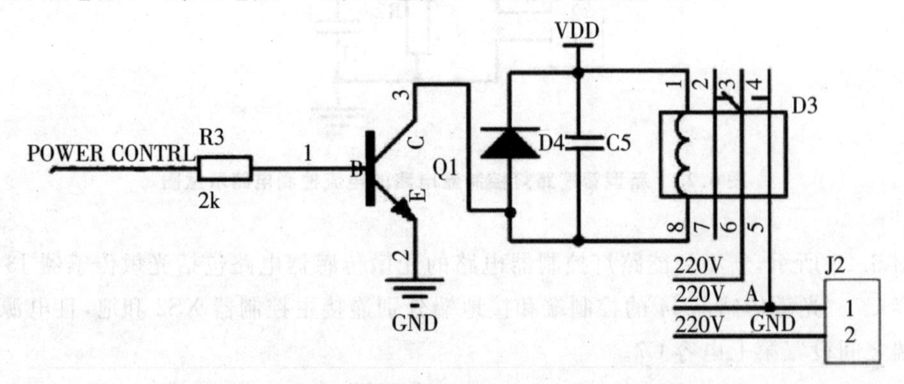

图 6.26　新型智能路灯控制器电路的路灯控制电路示意图

第三电阻 R3 的一端连接主控制器 XS2 接收 POWER_CONTRL 信号，另一端连接三极管 Q1 的基极。三极管 Q1 的发射极接地，集电极连接单向二极管 D4 的正极、第五电容 C5 和继电器 D3 的 8 脚。单向二极管 D4 的负极端连接继电器 D3 的 1 脚。第五电容 C5 与单向二极管 D4 并联设置。继电器 D3 的公共触点 6 接 220 伏电源，常开触点 5 连接路灯输入口 J2 的 1 脚。路灯输入口 J2 的 2 脚接 220 伏电源地。

当 POWER_CONTROL 为关闭信号时，继电器 J2 接 220 伏电源的公共触点 6 与常闭触点 7 连接，路灯输入口 J2 没有电源输入，路灯处于关闭状态。当 POWER_CONTROL 为打开信号时，继电器 J2 接 220 伏电源的公共触点 6 与常开触点 5 连接，路灯输入口 J2 连接 220 伏电源，路灯处于打开状态。因此，通过主控制器控制 POWER_CONTROL 信号可以随时控制路灯的打开与关闭。

图 6.27 所示，新型智能路灯控制器电路的摄像头检测电路接口 XS3 的管脚 1 连接电源供电电路，管脚 2 接地，管脚 3 连接主控制器 XS2 的发送端 TXD1，4 脚连接主控制器 XS2 的接收端 RXD1。

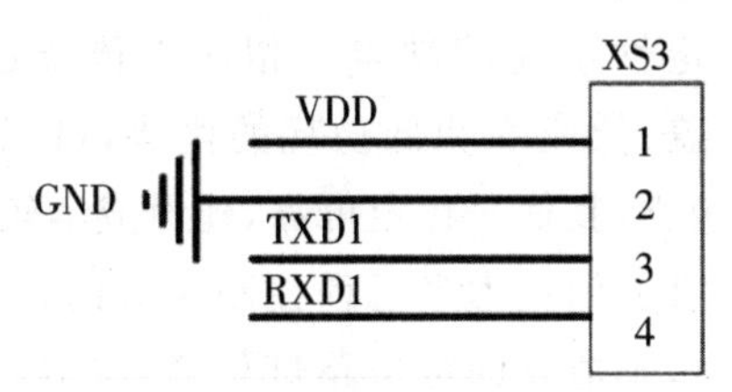

图 6.27　新型智能路灯控制器电路的摄像头检测电路示意图

图 6.28 所示，新型智能路灯控制器电路的通信电路接口 XS1 的 1 脚连接电源供电电路，2 脚接地，3 脚连接主控制器 XS2 的发送端 TXD2，4 脚连接主控制器 XS2 的接收端 RXD2，5 脚连接主控制器 XS2 的重置信号端。

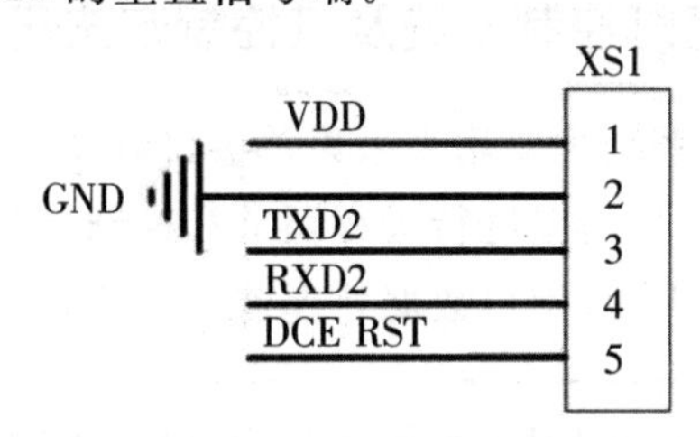

图 6.28　新型智能路灯控制器电路的通信电路接口的连接示意图

主控制器 XS2 通过电压检测电路、电流检测电路将采集到的电压、电流信息存储到存储电路中，通过光敏传感器电路将外部环境中的光照信号存储到存储电路中，并通过通信电路将存储的信息发送到管理系统，并根据后台工作人员的指令通过路灯控制电路控制路灯的开关。

该智能路灯控制器通过后台控制命令，例如采取在晚上 0 点后单号日期控制路灯号为单数的灯亮，双号日期控制路灯号为双数的灯亮以节省能源消耗。摄像头检测电路可以进行实时检测道路进口的人流量和车流量情况，通过相应的判断规则，决定道路两旁的路灯开闭，例如，当人流量少于预设目标时，可关闭部分路灯。

二、窄带通信智慧路灯控制系统及其控制方法

(一)传统路灯控制技术的缺陷

传统路灯控制器技术通信模式通常采用电力载波通信和通用分组无线服务技术(GPRS)组合通信方式,此种方式在同一台区变压器内部回路采用电力线载波,在跨接不同的台区时,必须将同台区的信息依靠数据终端通过GPRS传输到后台服务系统,存在工频谐波干扰大,数据终端需求多,成本增加,安装不方便,同时后期维护量大等缺点;还有的路灯控制设备之间组网采用WiFi,ZigBee等短距离通信方式来代替电力载波通信,存在网络拓扑结构复杂,稳定性不高的缺点。相比于传统通信方式,窄带通信(NB－IOT)技术具有宽连接、广覆盖、低成本和低功耗的优势,可以直接部署在现有运营商网络,路灯控制设备之间彼此独立,其信号稳定可靠,建设成本较低、维护升级方便等优势。

现有技术中也有利用窄带通信技术来远程控制路灯的技术方案,但不能完全实现智能化,例如当路灯出现故障时,不能立即定位路灯位置,派遣工作人员维修,便利性差,效率低;又或者全面性差,不能完全掌控路灯的所有信息,例如在积水、漏电、路灯杆倾斜等情况下不能及时控制,安全性差,且现有的路灯能源消耗较大。

为克服现有技术的上述不足,下面本书提供一种通信成功率高,数据通信响应快,节约能源,工作效率高的窄带通信智慧路灯控制系统及其控制方法。

(二)窄带通信智慧路灯控制系统及其控制方法研究

窄带通信智慧路灯控制系统主要用来采集单盏路灯亮度、温度、电压、电流、功率等路灯状态,并根据现场环境和突发情况进行远程调节和控制。基于物联网的路灯控制系统,由路灯应用节点、NB－IOT平台、用户数据处理器和浏览服务器组成,如图6.29所示。

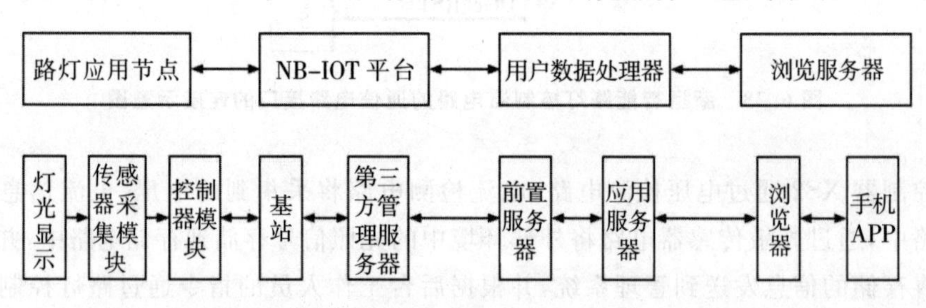

图6.29 窄带通信智慧路灯控制系统整体结构框架图

其中,路灯应用节点包括灯光显示、传感器采集模块和控制器模块。灯光显示包括白炽灯、LED灯、景观灯等;传感器采集模块主要采集路灯的状态信息和环境信息;控制器模块主要是将传感器采集模块的信息进行保存,将用户数据处理器需要的信息通过NB－IOT通信方式上传主站,并根据设置信息对灯光进行控制。

NB－IOT平台包括了基站和第三方管理服务器,由于采用的是电信频段的NB模

组，所以第三方管理服务器优选为天翼云平台服务器，实现路灯控制器模块和用户数据处理器之间的双向数据透传。

用户数据处理器包括前置服务器和应用服务器，前置服务器用于接收存储第三方管理服务器转发来的路灯应用节点数据信息，应用服务器根据相关的数据协议对数据进行解析和处理，为浏览服务器提供数据业务访问服务，并将浏览服务器发送来的控制信号发送至路灯终端，实现对路灯的控制和管理。

浏览服务器主要接用户的前端显示电脑、手机 App 等用户的人机交互设备，通过友好的可视化界面实现对路灯信息的参数查询，并按特定要求实现远程控制。

图 6.30 所示，窄带通信智慧路灯控制系统路灯应用节点硬件系统主要包括微控制器模块、下行采集和控制模块、上行通信模块、电源模块和存储器模块。

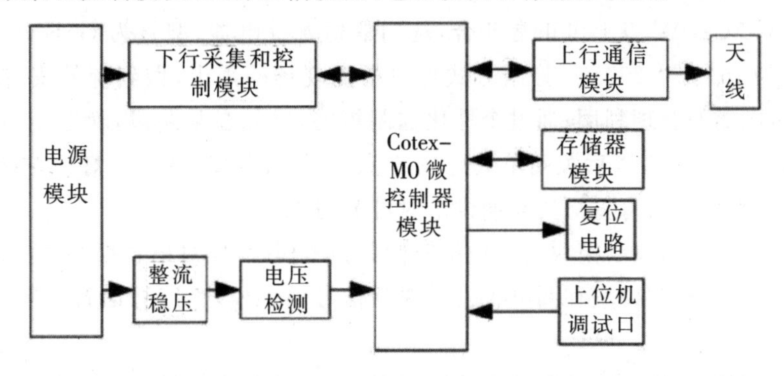

图 6.30　窄带通信智慧路灯控制系统路灯应用节点的硬件电路图

其中，下行采集和控制模块，用于采集路灯及周围环境状态(包括单盏路灯的电压、电流值，外界光强度值，户外温度值以及有无人流走动信息等)，并按照既定要求进行控制路灯亮灭，要求触点容量为 5A，AC220V 以上；上行通信模块兼容全网通通信网络，响应时间控制在 2s 以内，利用微控制器模块的管脚控制上行通信模块的电源；微控制器模块的串口 0 与上行通信模块进行数据交互，并读取物联网卡电路的卡号信息，通过天线与电信基站进行通信；电源模块先将输入的 220V 交流电，通过开关电源进行整流、稳压，为系统提供电能，整机功耗控制在 2W 以内；当系统停电时，有最后一次的停电信息记录；存储器模块通过 SP 工总线与微控制器模块的 SP 工接口相连，可以存储 30 天以上的路灯状态信息。

微控制器模块一方面用来接收路灯采集运行和状态信息，并将处理后的数据信息发送给上行通信模块，然后上传到天翼云平台服务器；另一方面接收从天翼云平台服务器通过上行通信模块转发的路灯控制命令并下发给继电器输出模块。本实施例中，微控制器模块选用意法半导体的 cotex－M0 为控制处理核心，型号为：STM32L051，ARM32 位 Cortex 内核，最大工作频率 32MHz，最大 64KB 的 FLASH，8KB 的 SRAM 存储器，内部可选配的 25MHz 晶振，选配内 32kHz 的晶振，带有 1 个 12 位的 AD 转换器，2 个 US-ART 接口和 1 个 UART 接口。

下行采集和控制模块包括电压电流检测模块、光强度传感器检测模块、温度传感器检测模块、摄像头模块以及继电器输出模块，其中电压电流检测模块、光强度传感器检测模块、温度传感器检测模块、摄像头模块为信号输入模块，继电器输出模块为信号输出模块。电压电流检测模块主要用于采集路灯回路中的电压值和电流值，并将结果输入到微控制器模块中，进行功率的计算，并将数据存储到存储器模块中，作为路灯是否可靠运行的依据；光强度传感器检测模块用来检测户外的天气状况，通过检测数据与给定值比较，来决定是否打开路灯开关；温度传感器检测模块用来检测外界的温度情况；摄像头模块主要用于检测路灯周围是否有人员和车辆经过，并将此数据输入到微控制器模块，以此来调节路灯的亮度。摄像头模块可提供实时监控和分析道路流量的选项，根据行人和车辆流量实时控制路灯的亮暗程度，可以解决街道人员稀少时，关掉不必要的灯盏，更好的节约能源。

继电器输出模块用于控制单台路灯的亮灭，可以实现节约能源的目的。为了满足触点容量为5A，AC220V以上可正常开合，选用欧姆龙继电器，型号为G5RL－1A－E，实际触电容量为16A，AC250V。控制方式可以根据现场的需求，做到统筹安排，精细化管控，实现城市电能的合理利用；通过个性化控制策略，比如在某路段，晚上10点之前路灯全部打开，10点至12点以后关闭单数灯柱，0点以后关闭某侧的所有灯柱，按照此控制策略，保守估计，平均每天每盏灯比长期供电时可节约40%。

此外，下行采集和控制模块还可包括防倾斜检测模块、路灯语音报警模块和漏电告警模块。其中防倾斜检测模块和漏电告警模块为信号输入模块，路灯语音报警模块为信号输出模块。

防倾斜检测模块用于防止路灯被撞倒或者撞斜，将检测信号经微控制器模块发送到NB－IOT平台，并将信息发送到路灯维护人员的手机上，提醒路政人员及时维护。路灯语音报警模块用于根据摄像头模块检测到的人流量信息，及时提醒行人注意安全，缓慢通过；以及在有雨水路段，根据摄像头的检测信号，提醒行人绕道而行，避免触电、人身伤亡事故。漏电告警模块用于检测路灯是否漏电，若检测漏电则及时发送命令给微控制器模块，来切断路灯回路总闸，防止人员触电，确保安全可靠。本实施例可以解决街道人员稀少时，关掉不必要的灯盏，来节约能源；在有积水的路段，提醒路人注意安全；在有漏电的情况下，及时切断总闸电源，避免触电事故；在灯杆倾斜的情况下，及时短信通知维护人员，及时维护。

图6.31和图6.32所示，上行通信模块，采用NB－IOT通信方式，用于将前期采集并保存的路灯照明参数及环境状况信息，发送到天翼云平台服务器。具体采用华为内核的移远模组BC28，它具有超紧凑、多频段、高性能、低功耗的特点，在设计上实现了全网通的频段，可选用电信、移动、联通三大主流运营商网络，其尺寸比前期的BC95更小，内部带模数转换功能。工作电压VCC_NB可使用范围3.1～4.2V，典型值3.6V。此模块由模组BC28、异步收发回路、物联网卡回路(图6.32中的USIM系列)、电源管理、射频通信口(RF_ANT接口)组成，在异步收发回路和物联网卡回路均串联了匹配电阻，保证数据的传输稳定。

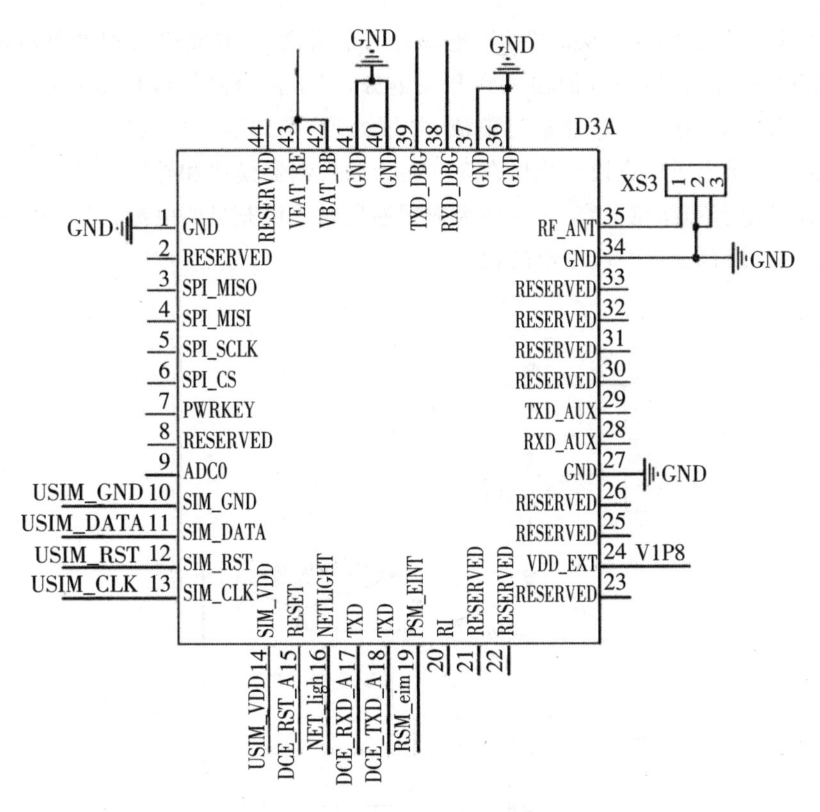

图 6.31　窄带通信智慧路灯控制系统上行通信模块的模组 B28 的电路原理图

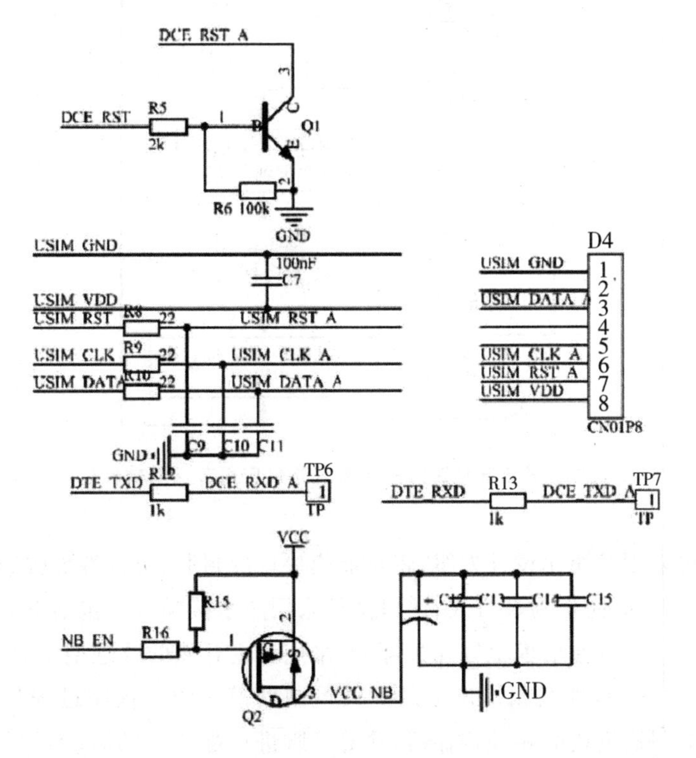

图 6.32　窄带通信智慧路灯控制系统上行通信模块的模组 B28 外围连接电路的原理图

电源模块的外部输入的交流 220V 电源有两个用途，一方面输入到继电器输出模块，用于控制路灯的亮灭；另一方面输入到开关电源，用于供给路灯应用节点的所有模块电能。输入到开关电源的电能，先经过整流、降压处理，得到继电器线圈端需要的 VDD 电源，再经过低电压稳压集成模块稳压在 3.3V，为微控制器模块和外围电路提供电源，在输出端并联滤波电容和储能电容，一方面为数据通信时提供充足的电流，另一方面实现在外部电源断电后，保存最近一次断电的记录。

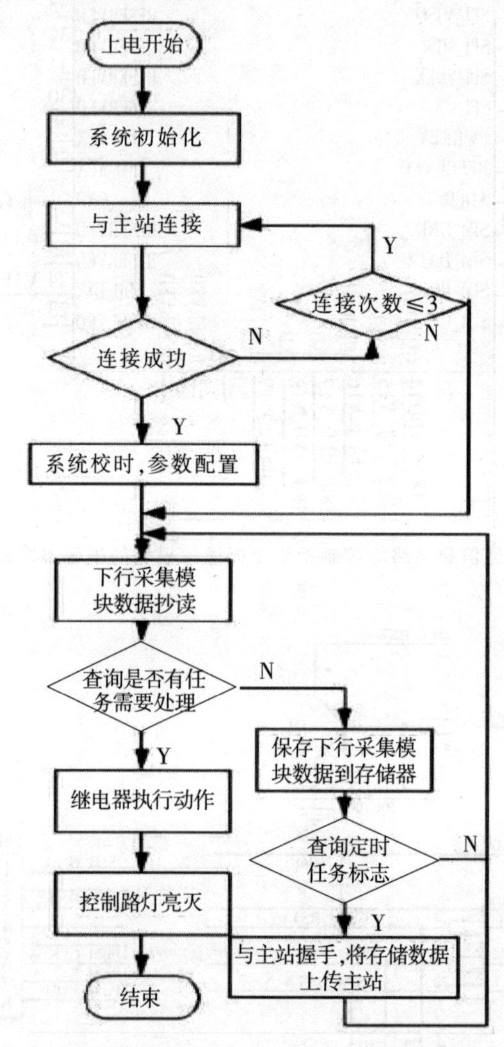

图 6.33 窄带通信智慧路灯控制系统路灯应用节点的软件控制流程

本控制系统采用模块化设计方案，将功能模块单独封装，可读性更强、稳定性更高，且优选采用全密封 IP68 防水封装方式，接口全部采用防水接插头。包括下行采集模块和控制模块、存储模块、上行通信模块等几大部分，采用自主开发的改进型实时操作系统，将编译好的程序，通过 SWD 四线制接口下载到微控制器模块中。程序过程如图 6.33 所示，首先初始化微控制器模块的相关寄存器，并对管脚进行配置。随后，系统与 NB－IOT 平台通过上行通信模块进行连接，若连接成功则进行系统校时，并接收 NB－IOT 平台下发的参数配置，然后对下行采集模块进行数据抄读；若连接不成功，判断连接次数是否≤3次，若是，则继续与 NB－IOT 平台连接，若大于 3 次，则对下行采集模块进行数据抄读；对下行采集模块进行数据抄读时，当达到系统设置时间，查询是否有任务需要处理，需要处理任务时，执行继电器动作来控制路灯亮灭，否则将抄读数据保存到存储器中，并查询定时任务标志，是否到达上行发送时间间隔，当到达时，上传发送数据到 NB－IOT 平台，完成一个抄表循环，期间，如果抄读时间间隔未到时，则系统进入低功耗模式。通过上述的通信处理机制，通信成功率达 99％以上，数据通信响应时间小于 1s。

图 6.34 所示，下行采集和控制模块主要负责微控制器模块与路灯参数（路灯回路电压、电流检测）、环境参数（光强传感器检测、温度传感器检测、摄像头模块输出采样）之间的数据通信，通过串口总线的形式连接，首先进行模块初始化，然后以此抄读路灯回路电压电流数值、光强度传感器数值、温度传感器数值、摄像头模块数值等信息，并将数据保存到外部 FLASH 存储器中，并查询是否满足继电器动作条件，当发现满足条件时，驱动继电器动作，来控制路灯的亮灭。

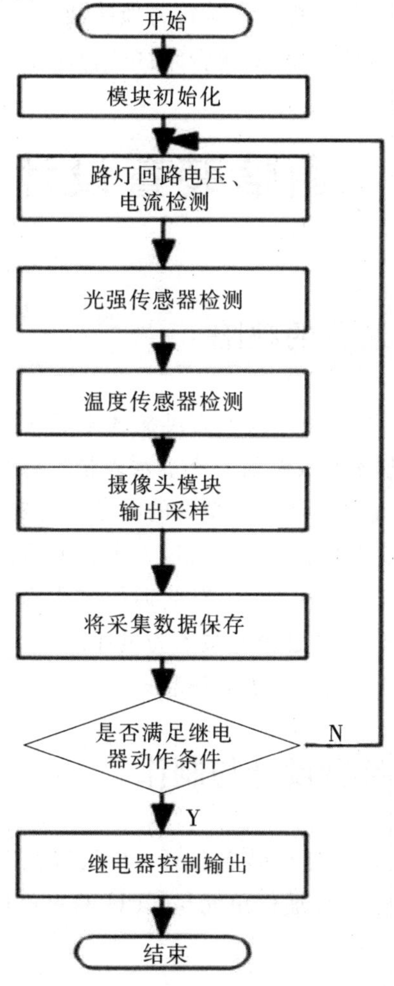

图 6.34　窄带通信智慧路灯控制系统下行采集和控制模块的软件控制流程

上行通信模块采用半双工设计，通过切换改变发送和接收模式。在BC28模组上电以后，开始进入初始化阶段，利用AT指令对模块进行初始化的监测，判断模块是否进行准备就绪，包括检查模组号、网卡号、信号强度等参数信息，根据模组要求进行组帧，完成数据的上传和下发。当数据发送完成后，模块进入低功耗模式，通过微控制器模块将模块电源断开，保证模组处于硬件断开状态，使整个控制器模块功耗最低，具体可参考控制流程图6.33。

浏览服务器为在管理部门客户端的电脑上显示的管理系统，主要由设备管理、策略管理、地图管理、区域管理四大部分组成，通过浏览服务器界面管理，实现了单台路灯远程管理、组合路灯远程管理、并可以随时抄读当前路灯的状态信息，实时了解路灯现场的运行状态，对路灯进行远程控制。

其中设备管理可用于添加新的路灯设备，需要设置好路灯IMEI号、路灯表号、路灯名称等信息；策略管理用于进行设置路灯亮灭组合设置方式，比如，单排灯亮设置、单号灯亮设置等；地图管理用于查看路灯的具体位置，并将故障路灯信息进行准确定位，通过线上派单的方式，将故障路灯以手机短信的方式派发到离故障路灯最近的维修人员的手机上，实现对维修人员的管理；区域管理用于进行跨地区、跨省份之间管理，采用基于中国电信天翼云平台的大数据分析方法，实现对单台路灯的智能化动态监控和故障分析功能。

第七节　通信装置设计与制作

一、传统水表通信装置的缺陷

目前市场使用的大流量水表90%以上为机械式水表。随着中国城市供水公司体制改革的不断深入，各供水企业逐渐认识到大流量水表精确计量、智能化管理的重要性，因此大流量水表本身的微小流量计量能力和精度的问题有待提高。现有水表的缺陷：1. 抄收和管理手段落后，由于机械式的水表都是通过人工去现场查看表计的读数，不仅增加了管理成本，而且不利于现场表计的管控；2. 有线远传方式安装不便，尤其对于农村地区，户与户之间距离较远，难以施工，并且容易被人为破坏。

下面，本书提供一种维护方便的水表通信装置。

二、新型水表通信装置设计与制作

图6.35所示，这种新型水表通信装置包括CPU、编程下载口、电源单元、液晶显示屏、计量单元和红外通信单元，红外通信单元与CPU的串口连接。红外通信单元包括红外接收电路和红外发送电路。

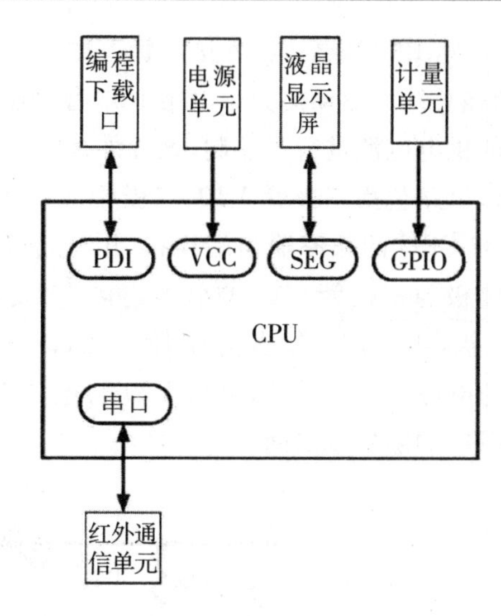

图 6.35　新型水表通信装置功能框架图

图 6.36 所示，红外接收电路包括电源控制电路和接收电路。

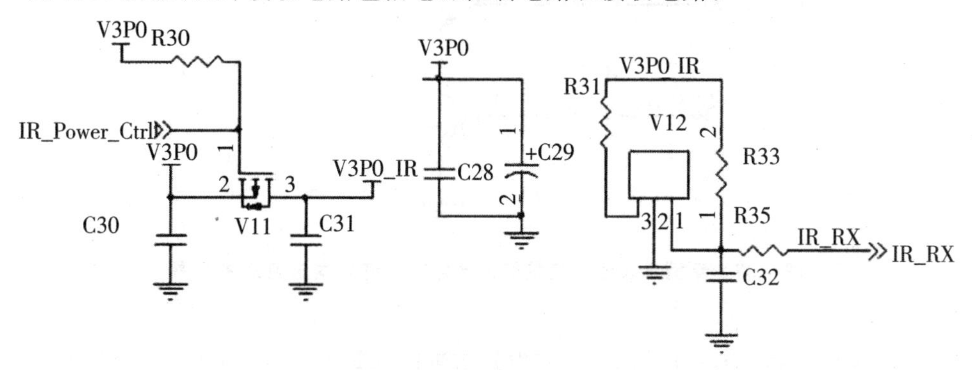

图 6.36　新型水表通信装置红外通信单元红外接收电路原理图

电源控制电路包括 MOS 管 V11、电容 C28 和极性电容 C29。MOS 管 V11 的栅极通过电阻 R30 与电源 V3P0 连接，同时该栅极管脚与 CPU 的 GPIO 端口连接，用于传递红外电源控制信号 IR_Power_Ctrl；其源极与电源 V3P0 连接，该电源 V3P0 还通过电容 C30 接地；其漏极与红外电源 V3P0_IR 连接，该红外电源 V3P0_IR 还通过电容 C31 接地。电容 C28 与极性电容 C29 并联后接于电源 V3P0 与地之间。

接收电路包括红外接收管 V12。红外接收管 V12 的 3 脚通过电阻 R31 与红外电源 V3P0_IR 连接；其 2 脚接地；其 1 脚通过电阻 R33 与红外电源 V3P0_IR 连接，该 1 脚还通过电阻 R35 与 CPU 的串口接收端连接，用于传递红外接收信号 IR_RX，该 1 脚还通过电容 C32 接地。

具体工作过程为：CPU 通过红外电源控制信号 IR_power_Ctrl 来控制红外接收管 V12 的电源是否上电。当红外电源控制信号 IR_power_Ctrl 为低时，MOS 管 V11 导通，此时电源信号 V3P0_IR 带电，其中电容 C30、电容 C31 电容分别起到滤波的作用，增强电压的稳定性;当红外电源 V3P0_IR 有电后,红外接收管 V12 上电工作。电阻 R33 主要起到接收信号的上拉作用,增强总线的驱动能力。电阻 R35 起到阻抗匹配的作用。

由于对红外接收电路的供电电源进行了控制,该红外接收电路具有低功耗的特点。

图 6.37 所示,红外发送电路包括三极管 V10、三极管 V13 和发射管 LED1。三极管 V13 的基极通过电阻 R34 与 CPU 的频率输出端连接,用于传递 38KHz 频率信号,三极管 V13 的射极接地,其集电极与三极管 V10 的射极连接,三极管 V10 的基极通过电阻 R32 与 CPU 的发射端口连接,用于传递发送信号 IR_TX,该三极管的集电极通过电阻 R28 再串联发射管 LED1 与电源 V3P0 连接,电阻 R29 与电阻 R28 并联,且接于三极管 V10 的集电极与发射管 LED1 的阴极端之间。

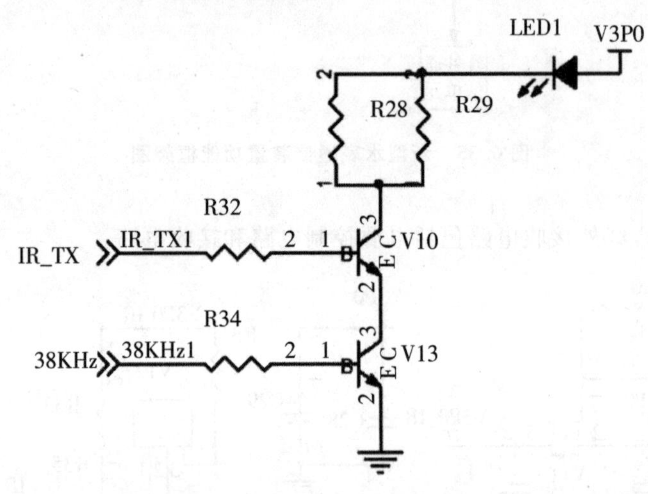

图 6.37 新型水表通信装置红外通信单元红外发送电路原理图

具体工作过程是:当以红外通信方式发送数据时,CPU 的频率输出端输出 38KHz 频率,CPU 将发射端口的发送信号 IR_TX 的输出高电平,使三极管 V10 导通,发射管 LED1 带电,数据由此通过发射管 LED1 发送出去。

第八节 表类产品采集终端设计与制作

一、多通道通信控制电路

(一)传统采集终端通信控制电路的缺陷

远传通信是目前表计远程监测和控制通用的可靠通信方式,在户用表计和采集终端上得到广泛的应用。远传通信电路的安全性和可靠性直接关系到智能化监测和管理的水平。采集终端中每一通道所采集的表计数量有限制，所以通常使用多通道通信。现有技术的采集终端通信控制电路的缺陷是：多通道通信控制电路设计复杂，占用大量板件空间，增加了印制电路板（PCB）布线设计的难度；多通道通信控制电路组成器件数量多，物料成本高；多通道通信控制电路占用微处理器多路串口资源。

鉴于以上所述现有技术的不足，下面，本书提供一种设计简单，组成器件少，节省微处理器串口资源的多通道通信控制电路。

（二）新型多通道通信控制电路设计与制作

如图 6.38 所示，多通道通信控制电路，包括微处理器通信接口 P2、电源供给电路、电源控制电路、电源输出接口 P3，RS485 通信电路、第一通道控制电路、第一通信输出接口 P4、第二通道控制电路和第二通信输出接口 P5。微处理器通信接口 P2 连接电源控制电路和 RS485 通信电路；电源供给电路连接电源控制电路和 RS485 通信电路；电源控制电路连接电源输出接口 P3；RS485 通信电路连接第一通道控制电路和第二通道控制电路；第一通道控制电路和第二通道控制电路分别连接第一通信输出接口 P4 和第二通信输出接口 P5。电源输出接口 P3 连接下行的表计，包括电表、水表、燃气表等。

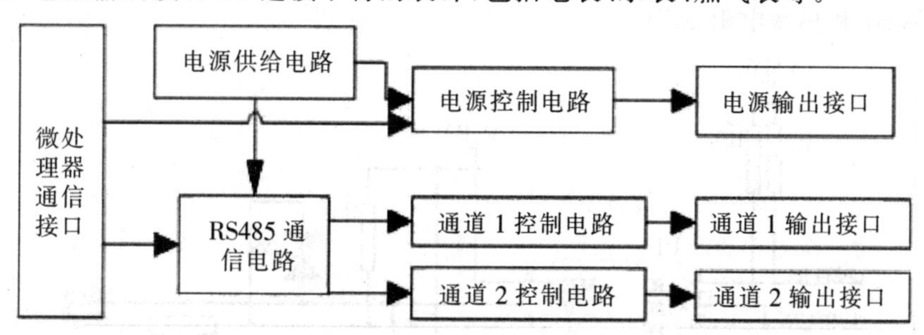

图 6.38　新型多通道通信控制电路的电路功能模块图

图 6.39 所示，新型多通道通信控制电路的电源控制电路包括第一电阻 R1、第一三极管 Q1、第一单向二极管 D1、第一电容 C1、第一继电器 J1。

第一单向二极管 D1 和第一电容 C1 并联在第一继电器 J1 的线圈端。并联的电容保护继电器免受过电压的影响，第一单向二极管 D1 的负极连接电源 V5P0。第一三极管 Q1 的基极经第一电阻 R1 连接微处理器通信接口 P2 的 PWR_CTRLE 信号，集电极接地，发射极连接第一单向二极管 D1 的正极。第一继电器 J1 的 4 脚和 13 脚为公共触点，分别连接电源 V5P0 和地；第一继电器 J1 的 8 脚和 9 脚为常开触点，分别连接电源输出接口。

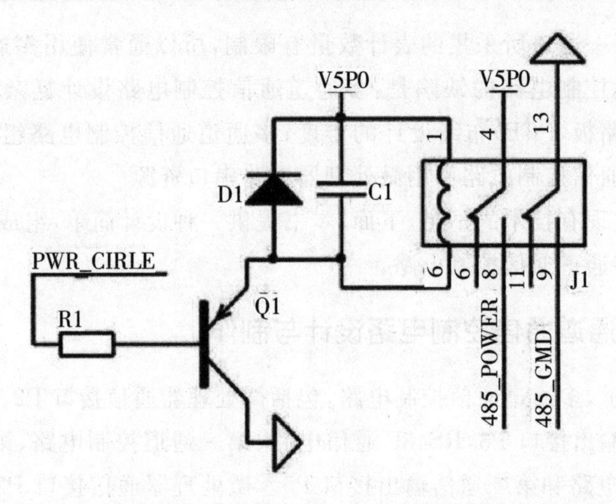

图 6.39　新型多通道通信控制电路的电源控制电路示意图

图 6.40 所示，新型多通道通信控制电路的 RS485 通信电路包括第二电阻 R2、第三电阻 R3、第四电阻 R4、第五电阻 R5、第六电阻 R6、第三电容 C3、通信集成电路 U1，瞬变抑制器 TVS1 和热敏电阻 RT1。

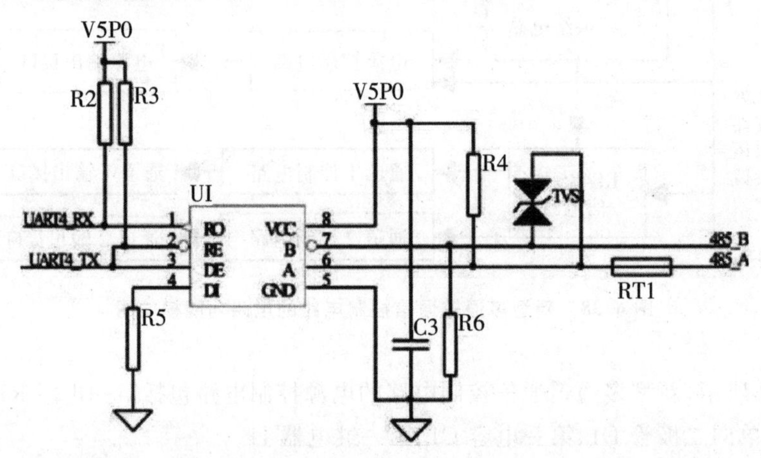

图 6.40　新型多通道通信控制电路的 RS485 通信电路示意图

通信集成电路 U1 的接收端 RO 和发送端 DE 分别连接微处理器通信接口，接收端 RO 和发送端 DE 分别与第二电阻 R2 和第三电阻 R3 串联电源 V5P0，通信集成电路 U1 的 A 端串联热敏电阻 RT1 和 485_A 信号，B 端连接 485_B 信号；A 端和 B 端并联瞬变抑制器 TVS1。通信集成电路 U1 的发送端 DI 经第五电阻 R5 接地，接地端 GND 经第六电阻 R6 连接 B 端，接地端 GND 经第三电容 C3 连接接电端 VCC，接电端经第四电阻 R4 连接 A 端。

图 6.41 和图 6.42 所示，新型多通道通信控制电路的第一通道控制电路和第二通道控制电路的设计相同。以图 6.41 所示的第一通道控制电路为例，包括第七电阻 R7、第八电阻 R8、第二三极管 Q2、第一发光二极管 V1、第二单向二极管 D2、第二电容 C2、第二继

电器 J2。

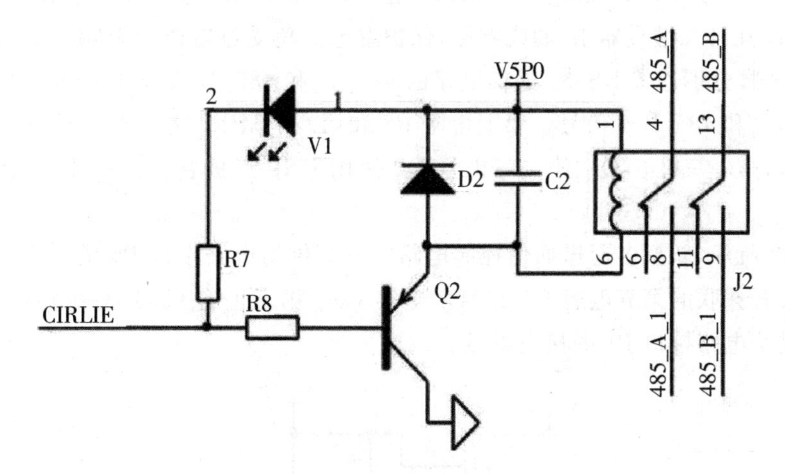

图 6.41　新型多通道通信控制电路的第一通道控制电路示意图

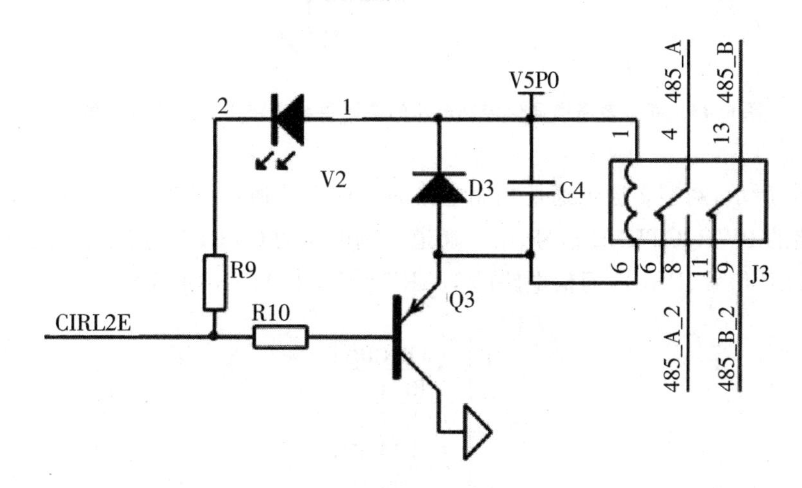

图 6.42　新型多通道通信控制电路的第二通道控制电路示意图

第二单向二极管 D2 和第二电容 C2 并联在第二继电器 J2 的线圈端。并联的电容保护继电器免受过电压的影响，第二单向二极管 D2 的负极连接电源 V5P0 和第一发光二极管 V1 的正极。第一发光二极管 V1 的负极经第七电阻 R7 连接微处理器通信接口 P2 的 CTRLIE 信号。第二三极管 Q2 的基极经第八电阻 R8 连接微处理器通信接口 P2 的 CTRLIE 信号，集电极接地，发射极连接第二单向二极管 D2 的正极。第二继电器 J2 的 4 脚和 13 脚为公共触点，分别连接通信集成电路 U1 的 A 端和 B 端；第二继电器 J2 的 8 脚和 9 脚为常开触点，分别第一通信输出接口。

第七电阻 R7 的一端连接第八电阻 R8，另一端连接第一发光二极管 V1 的负极端。第八电阻 R8 不连接第七电阻 R7 的一端连接第二三极管 Q2 的基极。第二三极管 Q2 的集电极接地，第二三极管 Q2 的发射极连接第二单向二极管 D2 的正极和第二继电器 J2 的 16 脚。第二单向二极管 D2 并联第二电容 C2，第二单向二极管 D2 的负极连接第二继电器 J2 的 1 脚、电源 V5P0 和第一发光二极管 V1 的正极端。第二单向二极管 D2 和第二电容 C2 并联在第二继电器 J2 的线圈端,保护继电器免受过电压的影响。第二继电器 J2 的 4 脚和 13 脚分别连接 RS485 通信电路的 485_A 和 485_B 信号,8 脚和 9 脚分别连接 485_A_1 信号和 485_B_1 信号。第七电阻 R7 和第八电阻 R8 之间连接 CTRLIE 信号。

优选地,第一三极管 Q1、第二三极管 Q2 使用 PNP 三极管。进一步,电源为 5 伏直流电源。

图 6.43 所示,新型多通道通信控制电路的电源供给电路接口 P1 的接电触点和接地触点之间设置并联的第五电容 C5 和第六电容 C6。第五电容 C5 是有极性电容,其正极连接电源供给电路接口 P1 的接电触点。

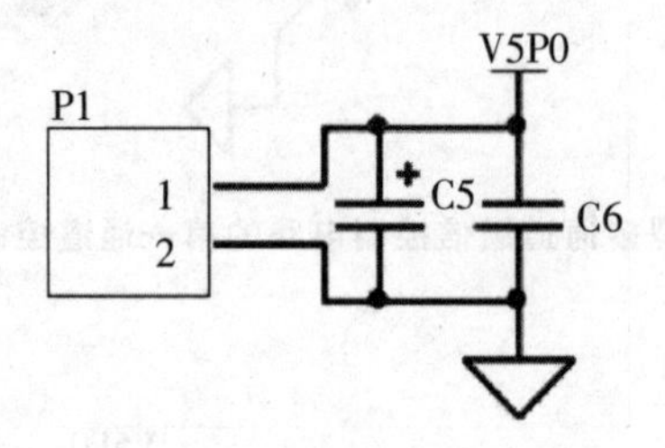

图 6.43 新型多通道通信控制电路的电源供给电路接口的连接示意图

图 6.44 所示,新型多通道通信控制电路的微处理器通信接口 P2 的触点分别连接电源控制电路的 PWR_CTRLE 信号、第一通道控制电路的 CTRL1E 信号、第二通道控制电路的 CTRL2E 信号、RS485 通信电路的 UART4_RX 和 UART4_TX 信号。

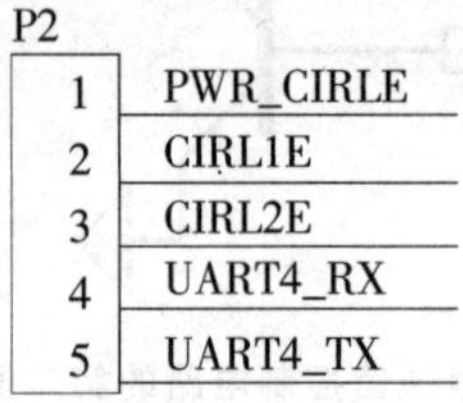

P2
1 PWR_CIRLE
2 CIRL1E
3 CIRL2E
4 UART4_RX
5 UART4_TX

图 6.44 新型多通道通信控制电路的微处理器通信接口的连接示意图

图 6.45 所示,新型多通道通信控制电路的电源输出接口 P3 的触点分别连接电源控制电路中第一继电器 J1 的 8 脚和 9 脚。

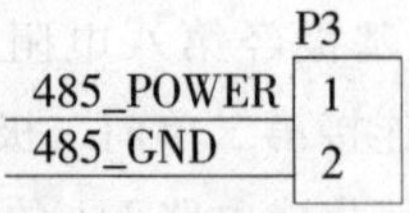

P3
485_POWER 1
485_GND 2

图 6.45 新型多通道通信控制电路的电源输出接口的连接示意图

图 6.46 和图 6.47 所示,新型多通道通信控制电路的第一通信输出接口 P4 和第二通信输出接口 P5 的连接方式相同。以图 6.46 所示的第一通信输出接口 P4 为例,第一通信输出接口 1 的触点分别连接第一通道控制电路的中第二继电器 J2 的 8 脚和 9 脚。

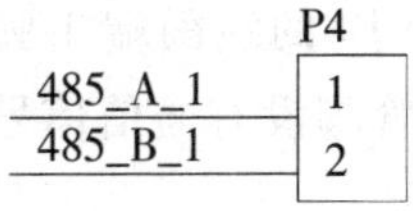

图 6.46　新型多通道通信控制电路的第一通信输出接口的连接示意图

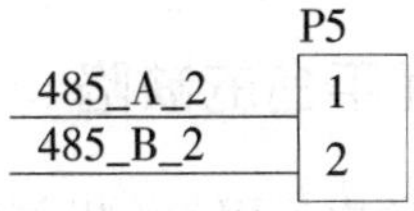

图 6.47　新型多通道通信控制电路的第二通信输出接口的连接示意图

微处理器通信接口 P2 通过 RS485 通信电路对外部抄读表计数据时，首先将电源控制电路的控制端 PWR_CTRLE 设置为低电平“0”。此时第一三极管 Q1 导通，第一三极管 Q1 的发射极端变为低电平，第一继电器 J1 的线圈端 1 脚和 16 脚带电动作，常开触点闭合，常闭触点断开。第一继电器 J1 的 4 脚信号 V5P0 通过常开触点 4 脚和 8 脚传输到电源输出接口 P3 的 1 脚，第一继电器 J1 的 13 脚信号电源地通过常开触点 13 脚和 9 脚传输到电源输出接口 P3 的 2 脚。微处理器通信接口的信号经过通信集成电路，将 TTL 电平信号转换成差分信号传输到第二继电器或第三继电器的第 4 脚和 13 脚处。

当需要抄读第一通信输出接口 P4 的表计数据时，将第一通道控制电路的控制信号 CTRL1E 设置为低电平“0”。此时第二三极管 Q2 导通，第二三极管 Q2 的发射极端变为低电平，第二继电器 J2 的线圈端 1 脚和 16 脚带电动作，常开触点闭合，常闭触点断开。第二继电器 J2 的 4 脚信号 485_A 通过常开触点 4 脚和 8 脚传输到第一通信输出接口 P4 的 1 脚，第二继电器 J2 的 13 脚信号 485_B 通过常开触点 13 脚和 9 脚传输到第一通信输出接口 P4 的 2 脚。

当需要抄读第二通信输出接口 P5 的表计数据时，此时将第二通道控制电路的控制信号 CTRL2E 设置为低电平“0”。此时第三三极管 Q3 导通，第三三极管 Q3 的发射极端变为低电平，第三继电器 J3 的线圈端 1 脚和 16 脚带电动作，常开触点闭合，常闭触点断开。第三继电器 J3 的 4 脚信号 485_A 通过常开触点 4 脚和 8 脚传输到第二通信输出接口 P5 的 1 脚，第三继电器 J3 的 13 脚信号 485_B 通过常开触点 13 脚和 9 脚传输到第二通信输出接口 P5 的 2 脚。

当微处理器通信接口 P2 对外部不进行抄读数据操作时，将电源控制电路的控制端 PWR_CTRLE 设置为高电平“1”。此时第一三极管 Q1 截止，第一三极管 Q1 的发射极端变为高电平，第一继电器 J1 的线圈端 1 脚和 16 脚断电，常开触点断开，常闭触点闭合，电源输出接口 P3 的管脚没有电源信号输出。

将第一通道控制电路的控制信号 CTRL1E 设置为高电平“1”，第二三极管 Q2 截止，第二三极管 Q2 的发射极端变为高电平，第二继电器 J2 的线圈端 1 脚和 16 脚断电，常开触点断开，常闭触点闭合，第一通信输出接口 P4 的管脚没有通信信号输出。将第二通道控制电路的控制信号 CTRL2E 设置为高电平“1”，第三三极管 Q3 截止，第三三极管 Q3

的发射极端变为高电平，第三继电器 J3 的线圈端 1 脚和 16 脚断电，常开触点断开，常闭触点闭合，第二通信输出接口 P5 的管脚没有通信信号输出。

二、燃气采集终端设备管理平台模块

（一）传统燃气采集终端管理平台的缺陷

现有燃气采集终端设备管理平台由 CPU 和相关的数据存储器和 FLASH 存储器及电压检测电路组成，CPU 与存储器之间通过 16 位数据总线进行通信，并将 8 位数据总线及相关的片选引出到管脚上。存在的问题：其一，布线复杂，对设计人员的要求较高；其二，CPU 本身不带有电压检测功能和高精度的 RTC 时钟，需要在外部扩展，其三，由于应用场合的不同，原有的存储空间太大，使资源不能充分利用。

下面，本书提供一种燃气采集终端设备管理平台模块，能简化后续电路的接口设计，减少产品开发出现的资源浪费，降低生产管理流程的复杂度，有利于产品的后续开发。

（二）新型燃气采集终端管理平台设计与制作分析

图 6.48 所示，为新型燃气采集终端管理平台的电路结构框图。其中，CPU 管理单元采用的是 Freescale 公司的 Kinetis K60 系列低功耗 CPU，工作电压 1.71—3.6V，闪存的写电压也为 1.71—3.6V，采用高达 100MHz 的 ARM Cortex－M4 内核，其性能可达到 1.25 Dhrystone MIPS per MHz，同时可选择浮点单元，IEEE 1588 以太网，USB 2.0 OTG，加密和篡改检测，具有极好的性能，环境温度为－40 到 105 ℃。内部自带 512KB 的 FLASH，可升级为最大 1MB；128KB 的 RAM，使 CPU 管理单元在不需要扩展外部数据存储器的情况下，可靠工作。同时，这种内核为 Cortex－M4 的 CPU 具备高精度时钟，通过时钟电池，可以独立的运行，避免了使用外部时钟电路；快速、高精度的 16 位 ADC，12 位 DAC、高速比较器和内部电压参考；模块内部配有电压检测电路，在电压低于某一值时，可实现对 CPU 和存储芯片的可靠复位，减少外部电路的存在；配有 10/100 Mbps Fast Ethernet 物理层收发器，对外引出两对收发接口。对外引出的接口还包括 5 路 UART 串口、1 路 SPI 口、1 路 I2C 接口、8 位数据总线接口、4 路 16 位 AD 采样接口、两路 DA 输出接口、1 路 USB 接口，还有近 30 个 GPI0 口，供不同的燃气终端产品使用。

该新型燃气采集终端管理平台的电源电路见图 6.49，用于为模块提供电源。该电源电路主要由芯片 XC6203P33PR 及外围器件组成，将输入的 3.5～8VDCV 电压经芯片 XC6203P33PR 转换为 3.3V 后为管理平台芯片提供电源供给。由于芯片采用的宽范围输入电压，可以有效防止外部电源的波动。

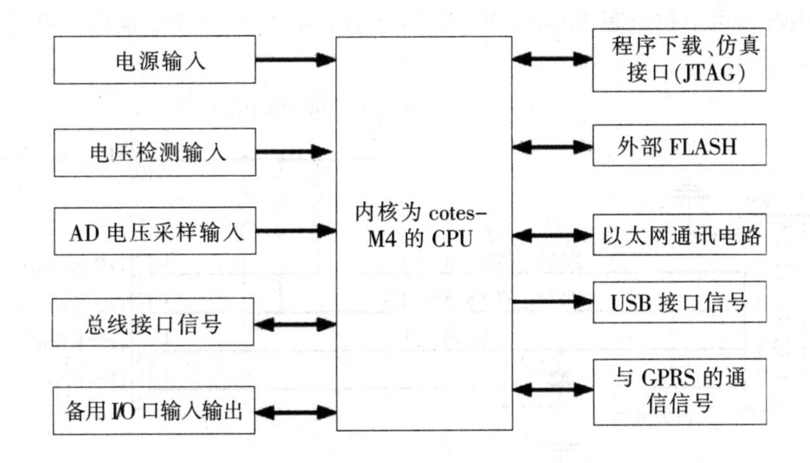

图 6.48　新型燃气采集终端管理平台的电路结构框图

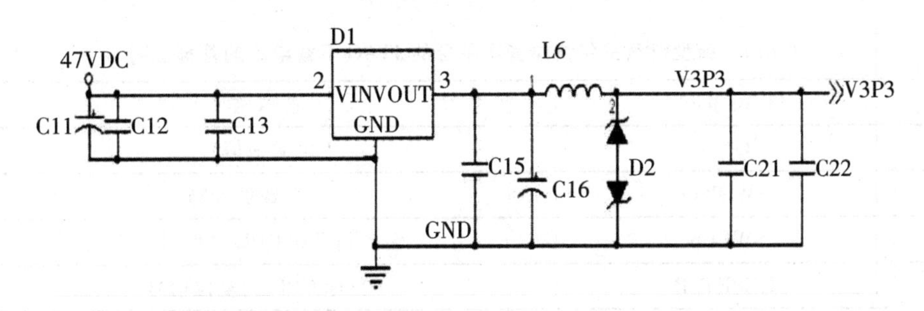

图 6.49　新型燃气采集终端管理平台的电源电路图

FLASH 存储电路如图 6.50 所示，主要由 D2，D3，R1，R2，Cl 组成。其中 D1 为与门，保证在非写数据和复位状态时，FLASH 处于写保护状态。D3 芯片可根据实际存储需要选择 8MB 或 16MB 的存储容量，提高了产品的灵活性，控制了产品的成本。

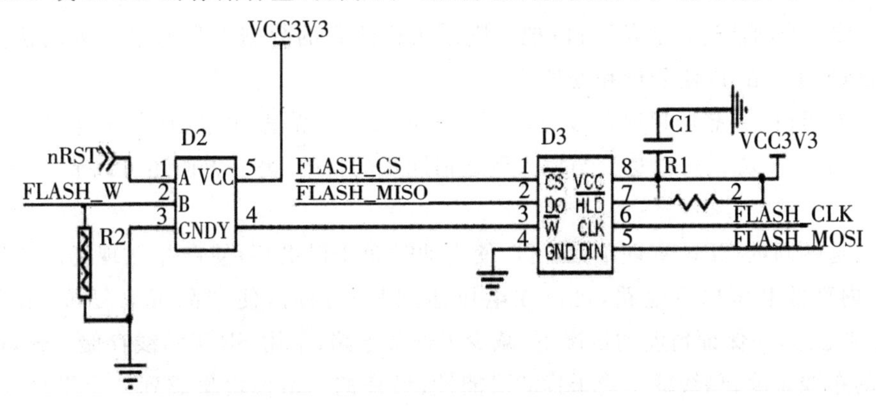

图 6.50　新型燃气采集终端管理平台的 FLASH 存储电路图

程序下载电路如图 6.51 所示，主要采用两线制的 SWD 接口方式，减少了布线的难度。它外围电路由上拉电阻 R4,R5,R6 及 Cl 组成,端口为 1×5 的插座。其管脚说明见表 6.1 所示。

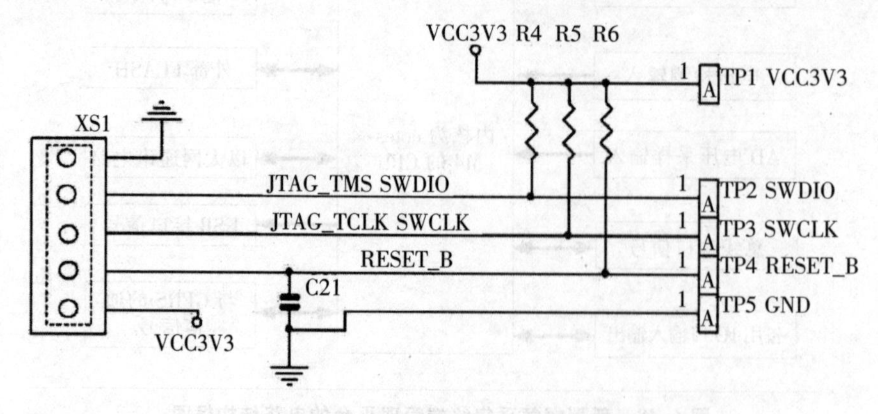

图 6.51 新型燃气采集终端管理平台的 JTAG 下载电路图

表 6.1 新型燃气采集终端管理平台的 JTAG 下载电路的管脚说明

CPU 板 JTAG 接口		管脚说明
1	GND	电源地信号
2	SWDI/O	双向数据管脚
3	SWCLK	输入到目标 CPU 的时钟输入
4	RESET_B	目标 CPU 的复位信号
5	VCC	电源

新型燃气采集终端管理平台的网络 PHY 电路图(请参考有关资料),通过串行接口 RMIIO_TXD0、RMIIO_TXD1、RMIIO_RXD0,RMIIO_RXD1、控制接口 RMIIO_TXEN、RMIIO_ RXDV、RMIIO _ RXER、ENET _ RESE 和管理接口 RMIIO _ MDC,RMIIO_ MDIO。与主控制器进行通信,可以把外围采集检测到的数据信息通过以太网接口传输到管理部门的主站,以便分析和处理。

由于 CPU 的主晶振频率可设置为与以太网接口的晶振频率相同,因此可以将两个晶振合二为一,一方面可以达到与以太网通信同步的目的,另一方面还可以节省一个石英晶体。

通过选用新的 CPU 管理单元,可以使启动时间变得更短,使产品在现场的应用更可靠;采用内部低电压检测电路,可以在电压达到某一值时,使产品可靠复位;采用内部 RTC 时钟电路,在保证精度的情况下,减少了外部电路;采用 SP 工总线存储方式,可降低设计中的布线难度,总线减少受干扰的可能性;另外把网络模块集成到一个平台模块,可以使二次开发更加的容易和便利;最后,此模块在满足产品需求的情况下,可以在很大程度上降低物料成本,提高产品在市场上的竞争力。

参考文献

[1]尹全杰,卢孟常,杨代民,李涛．电子产品设计与制作[M]．北京:北京航空航天大学出版社,2015.

[2]王远昌．人工智能时代:电子产品设计与制作研究[M]．成都:电子科技大学出版社,2019.

[3]李玲．智能电子产品设计与制作[M]．西安:西北大学出版社,2018.

[4]张卫丰．电子产品开发与制作[M]．西安:西安电子科技大学出版社,2019.

[5]乐丽琴,郭建庄,蔡艳艳,张具琴,李海霞,栗红霞,吴显鼎．电子产品制作技术[M]．北京:中国铁道出版社,2016.

[6]詹新生,张江伟,张玉健,夏淑丽．光伏电子产品的设计与制作[M]．北京:机械工业出版社,2020.

[7]贺贵腾．模拟功放电路设计与制作[M]．天津:天津科学技术出版社,2018.

[8]太淑玲,孙冠男．印制电路板设计[M]．北京:北京航空航天大学出版社,2020.

[9]孙德庆．电子设计与原型开发入门[M]．北京:人民邮电出版社,2020.

[10]武晔卿,李东伟,石小兵．电路设计工程计算基础[M]．北京:电子工业出版社,2018.

[11]张伯虎．电子产品装配工技能实训[M]．北京:金盾出版社,2016.

[12]马双．智能电子产品设计与制作[M]．大连:大连理工大学出版社,2019.

[13]黄松,胡薇,殷小贡．电子工艺基础与实训[M]．武汉:华中科学技术大学出版社,2020.

[14]丁珠玉．电子工艺实习教程[M]．北京:科学出版社,2020.

[15]张娟,侯立芬,耿升荣．电子技术应用项目式教程[M]．北京:机械工业出版社,2020.

[16]张静,李攀,杨洋．电子产品项目教程[M]．南京:东南大学出版社,2019.

[17]徐永忠,赵艳玲,张群．实用电子产品制作实例[M]．成都:西南交通大学出版社,2015.

[18]赵爱良．电子产品组装与调试[M]．北京:北京理工大学出版社,2016.

[19]王继辉．模拟电子技术与应用项目教程[M]．北京:机械工业出版社,2020.

[20]张建强,赵颖娟,王聪敏．电子电路设计与实践[M]．西安:西安电子科技大学

出版社,2019.

[21]李小魁. 电子线路设计与工程应用研究[M]. 郑州:黄河水利出版社,2018.

[22]刘海燕. 传感器电路制作与调试项目教程[M]. 北京:北京希望电子出版社,2018.

[23]张晓琴,伍小兵,王政. 数字电子技术应用及项目训练[M]. 成都:西南交通大学出版社,2017.

[24]丁倩雯,史萍,陈欢. 电子产品编程基础[M]. 上海:上海交通大学出版社,2019.

[25]蔡建军. 电子产品工艺与品质管理[M]. 北京:北京理工大学出版社,2019.

[26]王兴君. 微电子产品开发与应用[M]. 西安:西北大学出版社,2016.

[27]刘春华. 电子产品维修技术[M]. 石家庄:河北科学技术出版社,2015.

[28]张德发,刘加海. 电子产品设计概论[M]. 北京:海洋出版社,2015.

[29]史孟侠,阴健康. 电子产品制图制版[M]. 徐州:中国矿业大学出版社,2015.

[30]曲凤杰. 主要发达国家废弃电子产品管理及我国相关政策研究[M]. 北京:中国物价出版社,2016.

[31]朱禹. 电子产品装配工艺中的质量控制[J]. 电子制作,2021(6):86－87,10.

[32]杨万仙. Proteus 软件在电子产品设计与制作中的实践分析[J]. 电子制作,2018(22):69－70.

[33]詹绍成. 数字集成电路在电子产品制作中的应用[J]. 电子技术与软件工程,2021(9):82－83.

[34]方瑜,钱富灵,张诗卿,何燕. 散热片在电子产品中的设计分析与研究[J]. 电子制作,2017(1):70,73.

[35]邓勇标. 面向电子产品的数字化方案设计技术[J]. 电子制作,2017(4):30－31.

[36]陈宁. 电子产品温度加速寿命试验方案的分析[J]. 电子制作,2018(C2):40－41.

[37]周志近,郭燕,李荣茂. 基于某电子产品的线路板逆向设计研究[J]. 电子制作,2019(C1):105－108.

[38]程新华. 电子产品设计制作中贴片元件(SMC)的手工焊接技术[J]. 数码世界,2017(7):101.

[39]张雪超. 羌绣与电子产品包装设计结合的应用方法[J]. 西部皮革,2017,39(10):63.

[40]温法胜. 薄壳模具设计与制作分析[J]. 中国新技术新产品,2020(15):48－49.

[41]安会,蒲禹辰,李纪榕,马红静,李莉,张静. 基于单片机的电子时钟设计与制作[J]. 电子制作,2022,30(1):71－74,100.

[42]陈鸿燕. 基于51单片机数字时钟的PCB设计与制作[J]. 科教导刊(电子版),2021(9):289－290.

[43]杜冕. 电子产品的包装设计[J]. 艺海,2020(5):84—85.

[44]赵力. 电子产品结构设计[J]. 电子技术与软件工程,2020(15):93—94.

[45]徐翀. 电子产品的环境试验技术[J]. 信息记录材料,2020,21(3):226—227.

[46]秦勇. 电子产品装配工艺与工艺控制[J]. 科技创新与应用,2021(10):115—117,120.

[47]朱禹. 浅论电子产品装配工艺改进方法[J]. 电子制作,2021(4):83—84.

[48]刘丹宁. 电子产品生产过程质量管理研究[J]. 商品与质量,2021(2):34.

[49]倪素芬. 电子产品硬件设计的探析[J]. 科技风,2019(15):146.

[50]赵红梅,赵超超. 探究电子产品生产工艺及过程[J]. 无线互联科技,2020,17(8):124—125.

[51]张立伟. 电子产品薄膜防静电性能研究[J]. 电子世界,2020(17):5—6.

[52]林启柿. 浅析电子产品设计中存在的缺陷[J]. 科技经济导刊,2020(7):53.

[53]方夏冰. 浅谈电子产品硬件测试[J]. 计算机产品与流通,2018(3):65.

[54]桂淮濛. 基于 Arduino 的电子产品设计[J]. 电脑编程技巧与维护,2018(9):59—60,88.

[55]郭世文. 现代电子产品研发模式研究[J]. 电子世界,2019(8):81—82.

[56]赵广全. 电子产品生产工序质量控制与管理的研究[J]. 环球市场,2021(19):393.

[57]田延娟. 人工智能技术在电子产品设计中的应用[J]. 无线互联科技,2021,18(12):82—83.

[58]齐红. 电子产品检测认证现状及未来的发展趋势[J]. 科技风,2021(32):75—77.

[59]丁智勇. 电子产品设计中的人性化设计[J]. 今日自动化,2018(2):33—34.

[60]杨东平. 电子产品的主要质量要求及检测方法[J]. 商品与质量,2018(42):236.

[61]赵敏,刘妍. 面向电子产品报废预测的特征选择方法[J]. 计算机应用,2020,40(A2):19—23.

[62]李鹏,郑二为. 我国缺陷电子产品召回制度的研究[J]. 福建质量管理,2018(16):156.

[63]马艳. 电子产品的可靠性设计探讨[J]. 现代信息科技,2018,2(7):53—54.

[64]杨光. 典型电子产品包装的生态化设计探索[J]. 科技经济市场,2020(8):5—6,13.

[65]申九菊. 关于电子产品结构设计的相关问题探讨[J]. 中国设备工程,2020(20):87—88.

[66]李辉. 浅析消费类电子产品绿色包装设计的形式语言[J]. 中外企业家,2020(18):254.

[67]林启柿. 刍议电子产品塑胶件的结构和成本优化设计[J]. 数字通信世界,2020

(3):245－246.

[68]蔡志杰．可靠性测试方法在电子产品中的应用[J]．新型工业化，2020，10(10)：56－57，60.